みんなで考えるトリチウム水問題

風評と誤解への解決策

小島正美 編著

エネルギーフォーラム

はじめに

東京電力・福島第一原子力発電所の敷地内に増え続ける1000基余りのタンクに含まれるトリチウムを含む処理水をいつ、どういう形で放出するのか注目されていたが、政府は2021年4月13日、海洋への放出を決めた。コロナ禍のまっただ中で反対運動が集結しにくい絶妙のタイミングを狙ったかもしれないが、ただ、海洋放出が決まったからといって、ことがスムーズに運ぶとは限らない。海への放出は1カ月や2カ月で終わるわけではなく、20年以上にわたって少しずつ流されていく。海への放出の開始は2023年以降になりそうだが、それまでに反対運動が急に強くならないとも限らない。政治の急変もあり得る。原子炉にたまる汚染水の流入は今後も続く。

さらに、依然として、福島の漁業が壊滅的な影響を被るとの理由で猛反対の嵐が吹き荒れることも予想される。海外からの批判を懸念する声も出てくるだろう。国民への説明が足りないことから、風評への懸念を心配する声も強い。また、トリチウムのリスクを過剰に危険視する反対論も依然として存在する。

政府の海洋放出の決定で第一のハードルは越えたと言えそうだが、今後、どういう形で放出すれば、国民の理解が得られるのか。また、福島の水産物への風評被害をどうやって抑えていくのか。トリチウムを含む処理水を福島の海だけに放出するのが唯一の解決策なのか。さまざまな難問は今後も続く。

事態の解決には、科学的な事実を正しく伝える科学コミュニケーションやオープンな公開討論が必要なのは言うまでもないが、国内外からの反発を招かないためにも、さらなる政治家のリーダーシップが必要になる。

こうしたいろいろな視点に立って、この問題を考えてもらうため、8人に執筆を依頼した。8人は、現役のベテラン新聞記者、科学ジャーナリスト、児童や教師などに放射線を教えているリスクコミュニケーションの専門家、海外の科学コミュニケーションに詳しいジャーナリスト、風評やリスクマネジメントに詳しい専門家だ。

寄稿にあたってお願いしたのは「トリチウムの海洋放出問題について『私はこう考える』というテーマでご自由にお書きください」という1点だけだった。原稿の事前のすり合わせは一切ない。私の手元に届いた原稿をそのまま順序よく載せた。それでも、期待した以上に多様な視点に満ちた内容の濃い分析、考え、提案、レポートを載せることができた。言うまでもなく、各執筆者の意見はあくまで一個人の見解である。

それぞれの筆者が一話完結型で原稿を書いているので、必ずしも1章から順番に読んでいく必要はない。風評や過去の教訓に関心のある人はいきなり4章から読んでもよいし、現役の記者のルポから読みたい人は2章から読んでもよい。また、放射線とのかかわりでリスクコミュニケーションに関心のある人は3章から読んでもよい。

ただ、1章の前半の部分は、タンクの処理水がなぜたまっていくかなどに関する要点を解説しているので、最初に1章の前半を読むと、問題の構図はより分かりやすくなるはずだ。

本書の全編を通じて、難しい専門用語はそれほど出てこないが、「トリチウム」「ベータ線」「有機結合型トリチウム」「サブドレン」など基本的な用語に関しては、巻末に「用語解説」を載せたので、参照してほしい。すべての筆者の記事を読んでいただければ、事態改善の糸口がつかめるのではと思う。この本を通して処理水問題の理解が深くなることを期待したい。

小島　正美

第1章

トリチウムの海洋放出と偏ったメディア報道

小島正美　食・健康ジャーナリスト

「世界はいつだって悪いニュースのオンパレードだ。反対に、ゆっくりとした進歩は、どれほど大規模であっても、何百万という人に影響を与えたとしても、新聞の一面に載ることはない。もしも記者が「航空機　無事着陸」「農作物の収穫、また成功」といった記事を書こうものなら、すぐに会社をクビになるだろう」

（ハンス・ロスリングら著『ファクトフルネス』第2章・ネガティブ本能から）

処理水問題の構図の特徴は何か

■タンクの処理水を分かりやすく説明できるかがカギ

２０１１年3月11日、東京電力福島第一原子力発電所で事故が起きてから、まる10年が経つ。原発事故を振り返るニュースでは、必ずといっていいほど１０００基を超えるタンク群がテレビ画面（写真1-1）に映し出される。なぜ、あれだけたくさんのタンクが延々と設置され続けていくのか。なぜ、タンク内にたまった処理水を早く海へ流さないのか。不思議に思っている人もいるだろう。

写真１-１　テレビによく出るタンク群の光景

原発処理水に揺れる漁師
処理水の７割
基準値を超えた放射性物質が残り
海に放出する際には再び処理をする必要

出典：2020 年７月 13 日のＮＨＫ放送を自宅で撮影

タンクの中には、トリチウムなどの放射性物質が含まれる。いつまでもタンクに貯留し続けるわけにもいかず、ようやく政府は海へ放出することを決めたが、いつ、どういうタイミングで流すかをめぐって、今後、世論が沸騰し、全世界が注視するだろう。

トリチウムのことを科学的によく知る人からみれば、海への放出はあたり前のことのように思えるだろう。なぜなら、韓国やカナダなど他国の原子力施設でもトリチウムを含む処理水を海や大気へ放出しているからだ。日本も「国際基準に従って海へ流します」と公言すれば、たったそれだけで一件落着のようにみえるが、そう簡単にいかないところに問題の難しさがある。トリチウムを含む処理水の海洋放出が本当に実現できるかどうかは、学問的な観点からいっても、史上最難関の科学コミュニケーションが求められると言ってよいだろう。

この問題をクリアできるなら、接種率が1％以下に激減した、子宮頸がんなどを予防するHPV（ヒトパピローマウイルス）ワクチンの接種再開も本格的に始まるだろう。

この処理水問題をどのように考え、どのようにして解決へ導くことができるだろうか。事態の打開には、少なくとも以下の3つのことが必要になる。

①東京電力と政府の「しっかりした説明責任と情報の透明性」

②政府行政関係者の「分かりやすく明快なリスクの説明」

③「メディアの冷静な報道」（傍観者的な報道ではなく、責任を伴う報道）

処理水の海洋放出が解決できない限り、福島の再生・再興はありえない。それを成功させるために何が必要なのか。まずは、この問題の構図の特徴を解説する。

■なぜ、汚染水は発生するのか

タンクにたまり続ける水は、そもそもどういう水なのだろうか。

事故を起こした原子炉の内部には、溶けて固まった熱い燃料（燃料デブリ）がある。その燃料の中にトリチウムやストロンチウムなどの放射性物質が含まれる。燃料デブリを冷やすため

図1-1　処理水発生のメカニズム

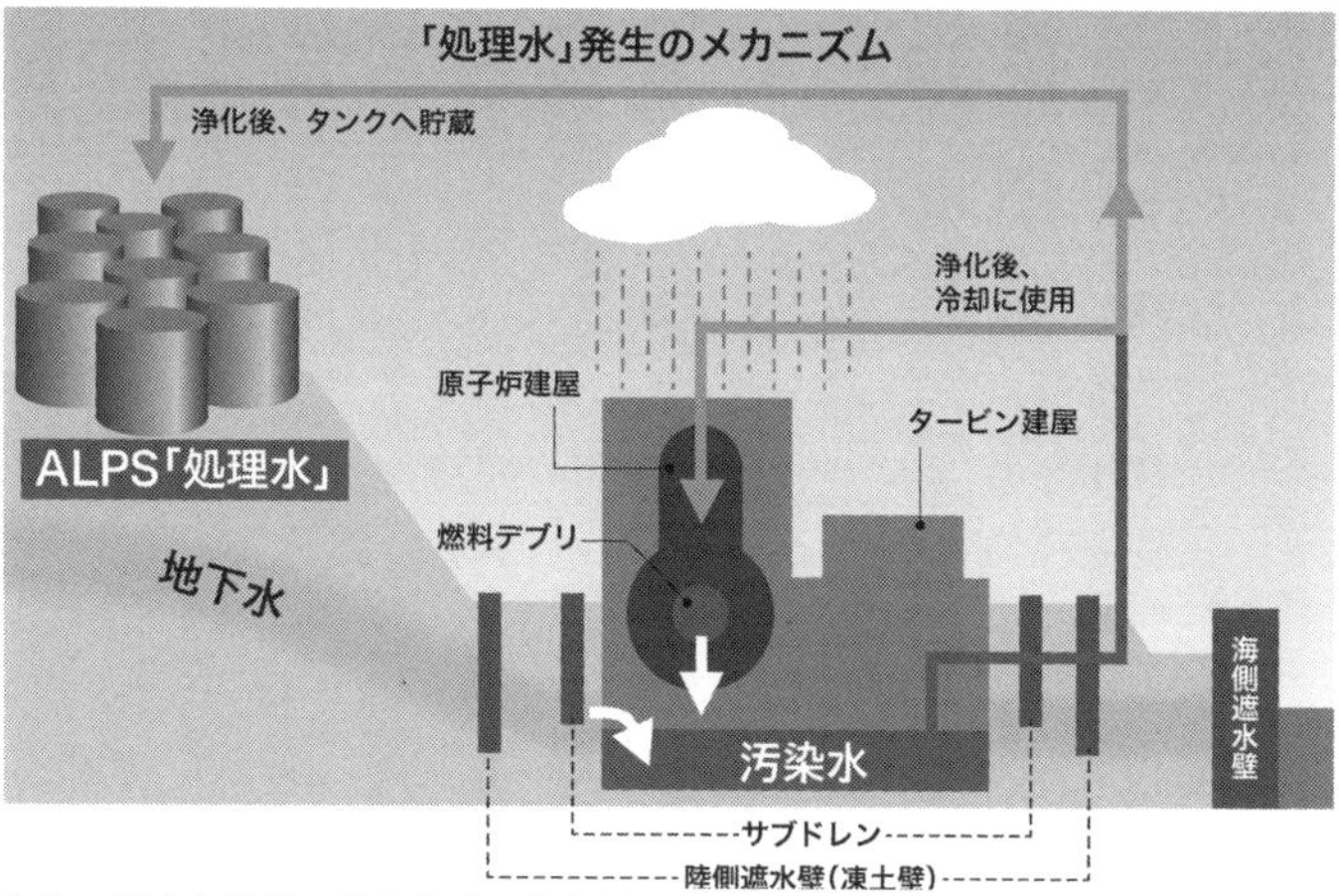

出典：経済産業省の識者小委員会資料から

に外から水をかけているが、その冷却したあとの水にはトリチウムなどの放射性物質が混ざっている。これが放射性物質を含む「汚染水」だ。

やっかいなことに、原子炉の周辺には地下水や雨水が流れ込む。地下水ができるだけ流れ込まないようくみ上げたり、遮水壁（地中につくられた氷の凍土壁）で食い止めたりしているが、それでも、すべてをシャットアウトすることはできない。

つまり、溶け落ちた燃料デブリを冷却したあとの放射性物質を含んだ水と、壊れた原子炉建屋に侵入した地下水が混ざったものが「汚染水」として発生しているのだ。図1-1はその汚染水の流れを表したものだ。

この汚染水から各種放射性物質を除去する

写真1- 2　汚染水を除去する多核種除去施設 ALPS

出典：経済産業省の識者小委員会資料から

のが、一般にALPS（アルプス）と言われている多核種除去施設（写真1-2）だ。

タンクにたまり続けている水は、アルプスで処理されたあとの水だ。2013年から稼働しているアルプスは、ストロンチウム89やヨウ素129など62種類の放射性物質を除去できる性能をもつ。ただ残念ながら、浄化処理しているといっても、これらの放射性物質がゼロになっているわけではない。

今後、アルプスは62種類の放射性物質を少しずつ規制基準値（専門用語では告示濃度限度比総和が1未満）以下まで除去し、最終的には、除去が困難なトリチウムだけを残した水を海に放出するとい

図 1-2　汚染水が処理水になるまでの模式図

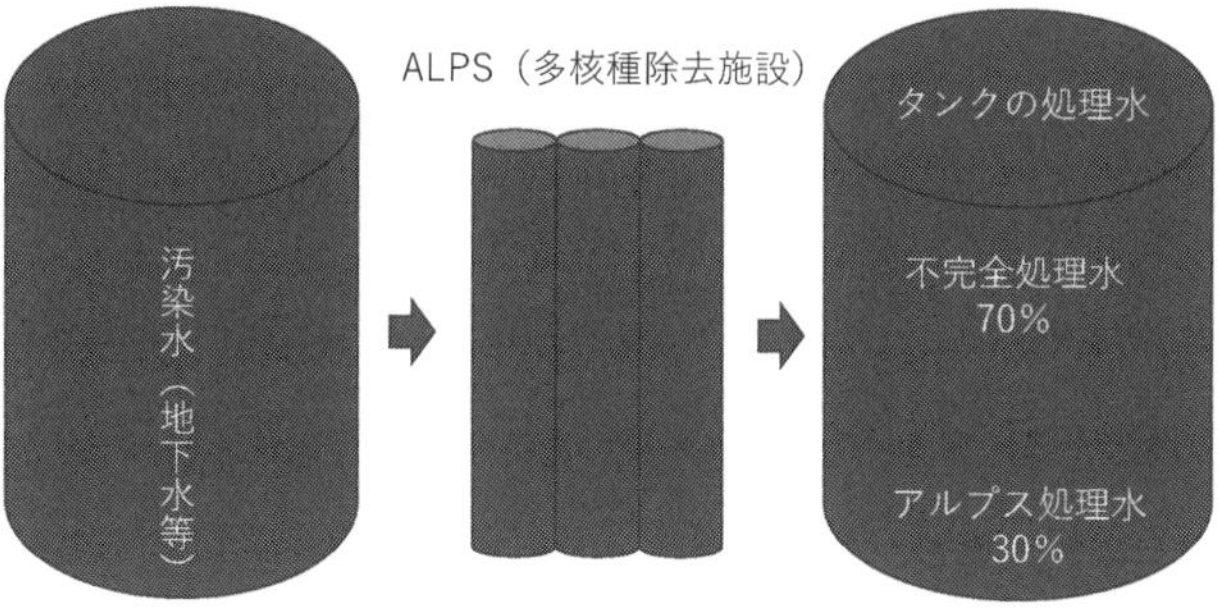

うのが現在進行中の計画である。

この汚染水の流れを分かりやすく理解するためには、言葉の意味を知っておくことが大事だ。言うまでもなく、アルプスで処理される前の水は「汚染水」だ。そして、アルプスで浄化・処理され、海へ放出する準備の整った水は「ＡＬＰＳ処理水」（アルプス処理水）、または単に「処理水」と呼ぶ。政府や行政が「処理水」と呼んでいるのは、このアルプス処理水のことだ。一方、アルプスで処理されたものの、62種類の放射性物質が規制基準（放出基準）以上に含まれている水はあえて名をつければ「不完全処理水」と言えば分かりやすい。東京電力はこの不完全処理水を「処理途上水」と呼ぶことを２０２１年４月に決めた。つまり、同じタンクにある処理水でも、62核種の濃度が放出基準を下回る「処理水」（アルプス処理水）と、今後さらに放射性物質の除去が必要な「不完全処理水」があるわけだ（図１-２）。

テレビでよく映し出される透明なコップの水は処理水であ

写真 1-3　ビル 3 階建てくらいに大きいタンク（経済産業省提供）

る。この透明な処理水をさらに国際基準を大きく下回るよう希釈して海へ流すのが日本政府の方針である。

　ここで押さえておきたいのは、アルプス（多核種除去施設）に入る汚染水はいまも発生していることだ。以前に比べて減ったとはいえ、いまも原子炉周辺に地下水がどんどん流れ込んでいるからだ。ここ1、2年、汚染水の発生量は1日100トン台（かつては400～500トンもあった）に減ったものの、いまなお処理水を保管するタンクはほぼ1週間に1基ずつ増えている。タンク1基をつくるのに約1億円もかかる（すべて電気料金として国民の負担に！）

　タンクの数は2021年4月1日時点で1047基（約125万立方メートル、約

図1-3　62種類の放射性物質の分布

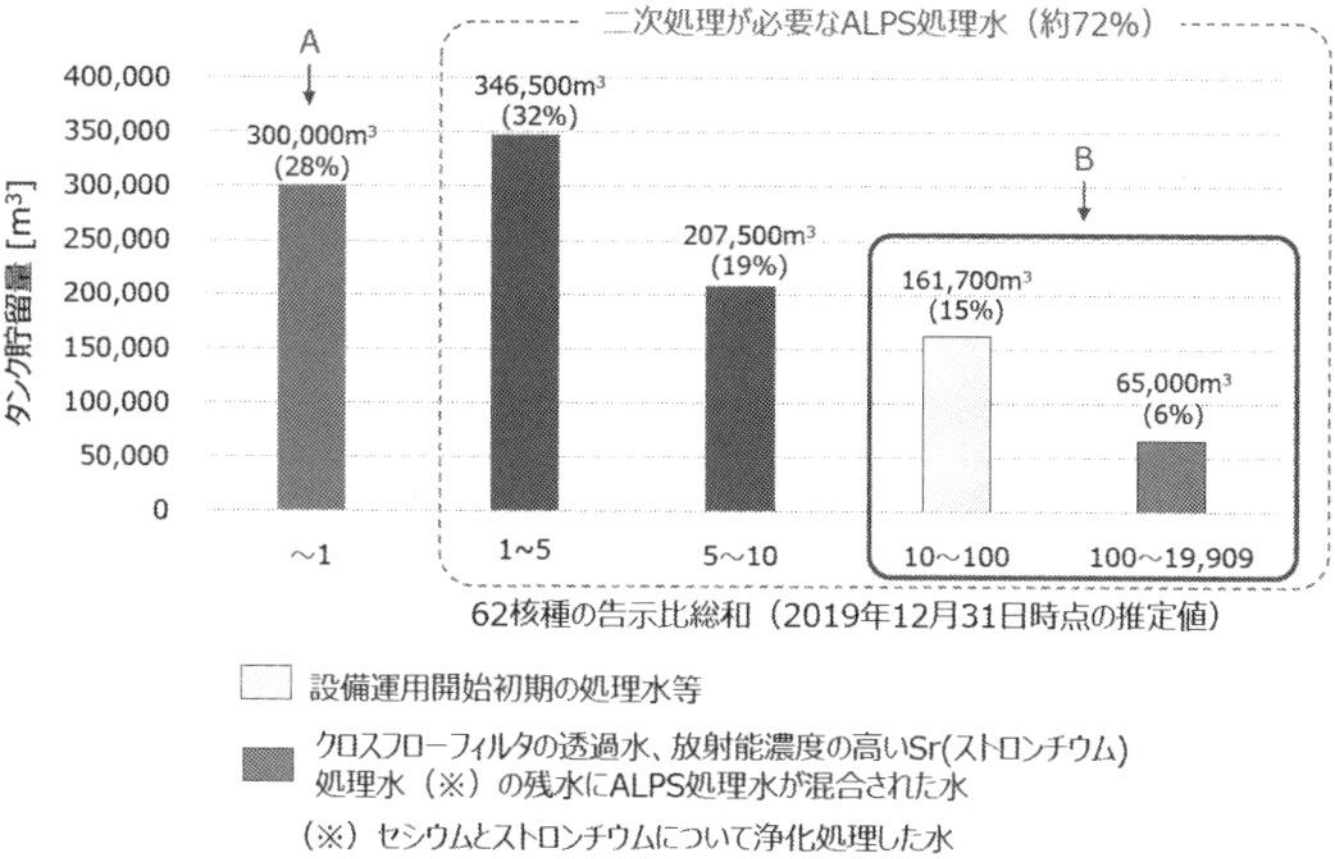

出典：経済産業省資料から

１２５万トン）ある。２０２２年には敷地内に新たなタンクを設置する余裕がなくなると言われている。そのときには処理水の総量は約１４０万トンにもなる。

タンクは遠くから見れば小さく見えるが、近づくと、巨大なビル（高さ12メートル、直径12メートル）だ（写真1-3）。それが１０００基もある光景は異様である。廃炉作業の円滑な進行のためにも、早くタンクの処理水を海に放出しなければいけない状況になっているが、それができないのだ。

■タンクには2種類の処理水があることを伝えたい

これまで説明してきたように、この問題を国民に分かりやすく伝えるには、同じタンク内にある

写真 1-4　処理水（経済産業省）

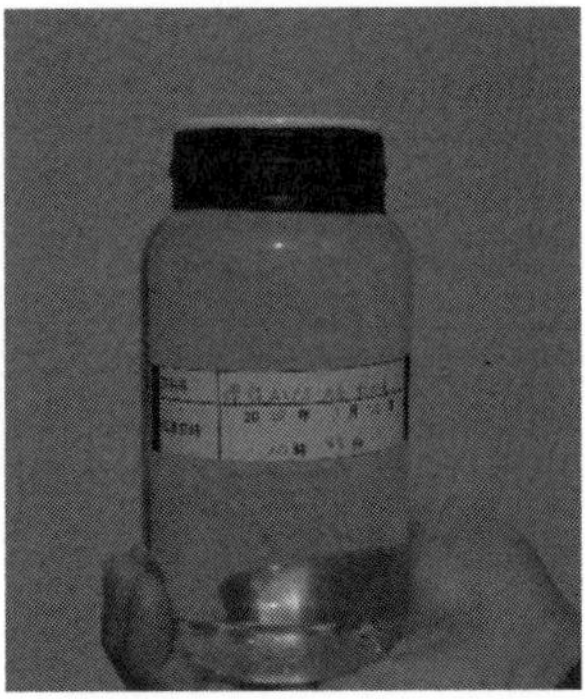

処理水でも、大きく分けて、２種類の処理水があることを知らせる必要がある。

ひとつは、処理水の約７割は今も規制基準以上の放射性物質（セシウム１３７、ルテニウム１０６、ヨウ素１２９など62種類）を含んでいるということだ。基準よりも数倍多いものもあれば、１００倍以上多いものもある（図１-３）。

もうひとつは、これら62種類の放射性物質が基準以下に除去されたあとの「処理水」だ（写真１-４）。約１０００基あるタンクの処理水がすべてトリチウムだけが基準濃度を超えて残る水になれば、海洋放出に向けて大きなハードルを越えたことになる。

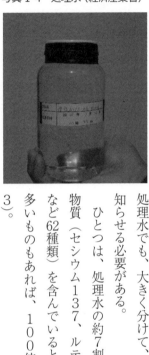

■処理を優先して62種類の除去が遅れた

これまでの説明を聞いて、読者の中には「なぜ、もっと早く62種類の放射性物質を基準以下に除去しなかったのか」と疑問に思う人もいるだろう。私（筆者）も最初はそう思っていた。東京電力に聞くと、事故が発生して数年間は、時間をかけてゆっくりと除去していたのでは放射線量が下がらないため、早く処理することを優先したからだという。敷地内の放射線量を早

写真 1-5　トリチウムの除去状況を紹介する「処理水ポータルサイト」

出典：東京電力ホームページから

く下げるために、とりあえずは吸着剤の交換頻度を下げるなどして、処理することを優先したのである。言ってみれば、まずは粗い目のざるで速く放射性物質をこしとり、タンク周辺の放射線量を下げたわけだ。

そういう事実はあまり知られていない。

こうした経緯から見て、東京電力にとって大事なことは、62種類の放射性物質が国民に分かるような形で除去されていく様子をガラス張りで見せることだ。東京電力は自社のホームページの「処理水ポータルサイト」でこの除去の様子を解説（写真1-5）しているが、専門用語が多く、私でさえも理解しずらい。もっと分かりやすいビジュアルな解説が必要だろう。

このように、誰がどのようにリスクを伝えるのかという視点に立つと、「62種類の放射性物質を含

図1-4　トリチウムの組成

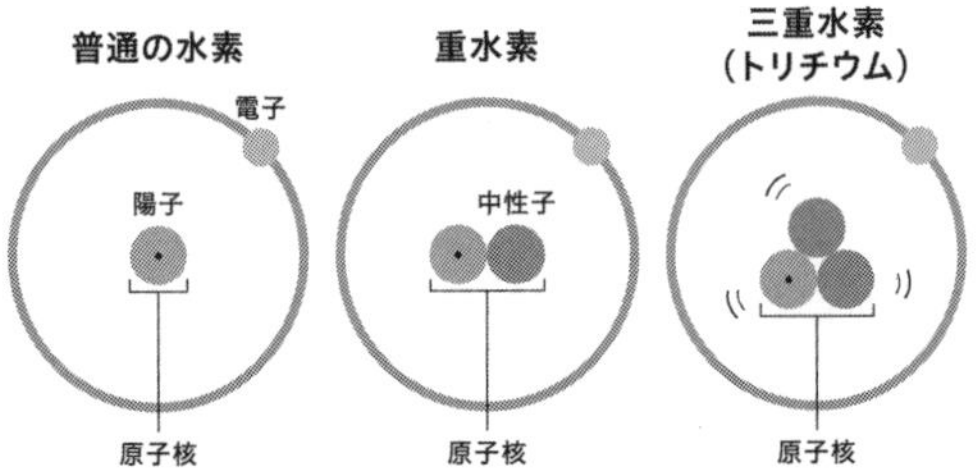

出典：日本電気協会新聞部の絵本より

んだ処理水」は東京電力のリスクコミュニケーション能力が問われ、処理水の放出は日本政府の説明力が問われる問題だと言える。

なぜ、処理水は政府の説明力が問われるかと言えば、トリチウムを含む処理水は他の国でも海や大気へ放出しているからだ。海外からの批判を招かないため（日本政府の海洋放出決定後に韓国や中国はすぐさま日本を非難したが）にも、政府は海外の記者向けにも用意周到なコミュニケーションが必要になる。この点について言えば、韓国や中国などでは日本よりも多くのトリチウム（トリチウムの量）を環境へ放出しているという事実を、もっと知らせる必要があるだろう。

なぜ、韓国が大量のトリチウムを環境に放出しているかといえば、トリチウムが発生しやすい重水炉（減速材として中性子を1個取り込んだだけでトリチウムになる重水を使っている。CANDU炉とも言う）を4基もっているからだ。日本の軽水炉（重水に対して、通常の水を軽水と呼ぶ）に比べて、重水炉はケタ違いにトリチウムの発生量は多い。

ところが、新聞、テレビとも、海外の原子力施設で放出されているトリチウムを含む処理水の現況を詳しく報じることはあまりない。２０２１年2月27日夜に放送されたＴＢＳの「報道特集」でも処理水問題が特集されていたが、恐怖や不安をあおる内容ではなかったものの、海外でのトリチウム水の放出をさらっと述べるだけで、見ている人の不安に応えるていねいな解説はなかった。

■トリチウムとは何か

この問題を考えるためには、トリチウムがどういう放射性物質なのかを知っておくことも必要だ。

トリチウムは水素の一種で三重水素とも言う。普通の水素は、陽子一つと電子一つの構成でできているが、トリチウムは原子核が陽子一つと中性子二つで構成されている（図1-4）。中性子が多いと不安定なため、電子を放出して、安定した物質（ヘリウム）に変化しようとする。そのときに放出されるのが放射線（ベータ線）である。

放射線には、アルファ線、ガンマ線、エックス線、ベータ線などがある。ベータ線のエネルギーは弱く、空気中だと5ミリほどしか進めない。紙1枚で遮断され、人の皮膚を通ることができないほど弱い。ただし、口や鼻などから体内に入れば、内部被ばくはある。だが、体内に蓄積したり、濃縮したりすることはない。

知っておきたいのは、トリチウムは原子力発電所だけで発生するわけではないことだ。宇宙から降り注ぐ宇宙線（放射線の一種）が大気と衝突しても発生し、雨に混じって降ってくる。ちなみに日本に降る雨に含まれるトリチウム量は、年間約220兆ベクレルだ。つまり、トリチウムは自然界でも発生している。このため、私たちのまわりの川、海、雨、飲み水などにも微量ながら存在（雨水や地表水のトリチウムの濃度は1リットルあたり約0・4ベクレル、海水はその4分の1程度）している。川の水や飲み水にも存在しているため、それを飲んでいる私たちの体にもトリチウムは存在する。体内に取り込まれたトリチウムは、普通の水として働く。自然に生まれたものか、人工的にできたものかで人への影響に差があるわけではない。

トリチウムの放射線の力が半分になる物理的半減期（放射性物質の量が半分になる期間）は12・3年だ。体内に入ったトリチウムの半分は10日程度で排出され、同じベクレル数を体内に取り込んだときの内部被ばくはセシウム137と比べると、700分の1程度と格段に低い。体内で濃縮することもない。

やっかいなのは、トリチウムはたいていの場合、水として存在することだ。セシウムなど他の放射性物質は、ろ過や吸着剤で取り除くことができるが、トリチウムは水として存在するため、アルプスのような浄化装置で取り除くことができない。厳密に言えば、絶対に除去できないわけではないが、タンクに残っているような大量のトリチウムを実用的なレベルで除去するは不可能という意味だ。

■環境へ放出しても、自然放射線の1000分の1以下

では、トリチウムを海へ流した場合、どんな影響があるのだろうか。

原子力規制委員会は国際基準に従い、放出の規制基準を1リットルあたり6万ベクレル（ベクレルは放射線を出す能力の単位）未満と定めている。6万ベクレルというといかにも高い数字に見えるが、その水を毎日、2リットル飲み続けた場合、1年間で1ミリシーベルト（シーベルトは放射線が人体に与える影響の目安として扱われている単位）の被ばくに相当する値だ。1ミリシーベルトはよく言われる公衆の被ばく限度で、これを超えたからといって、健康影響があるわけではないが、安全基準の目安となっている数値だ。ちなみに食品に設定されているセシウム137の基準値も、内部被ばくが年間1ミリシーベルト以下になる濃度として導かれたものだ。

実は、私たちはごく普通に生活していても、年間2・1ミリシーベルト（食べ物や空気、宇宙、大地などからの放射線）の被ばくを受けている。つまり、1リットルあたり6万ベクレル

図 1-5.　世界の原子力発電所等からのトリチウム年間排出量

・ 海外の原発・再処理施設においても、トリチウムは海洋・気中等に排出される。

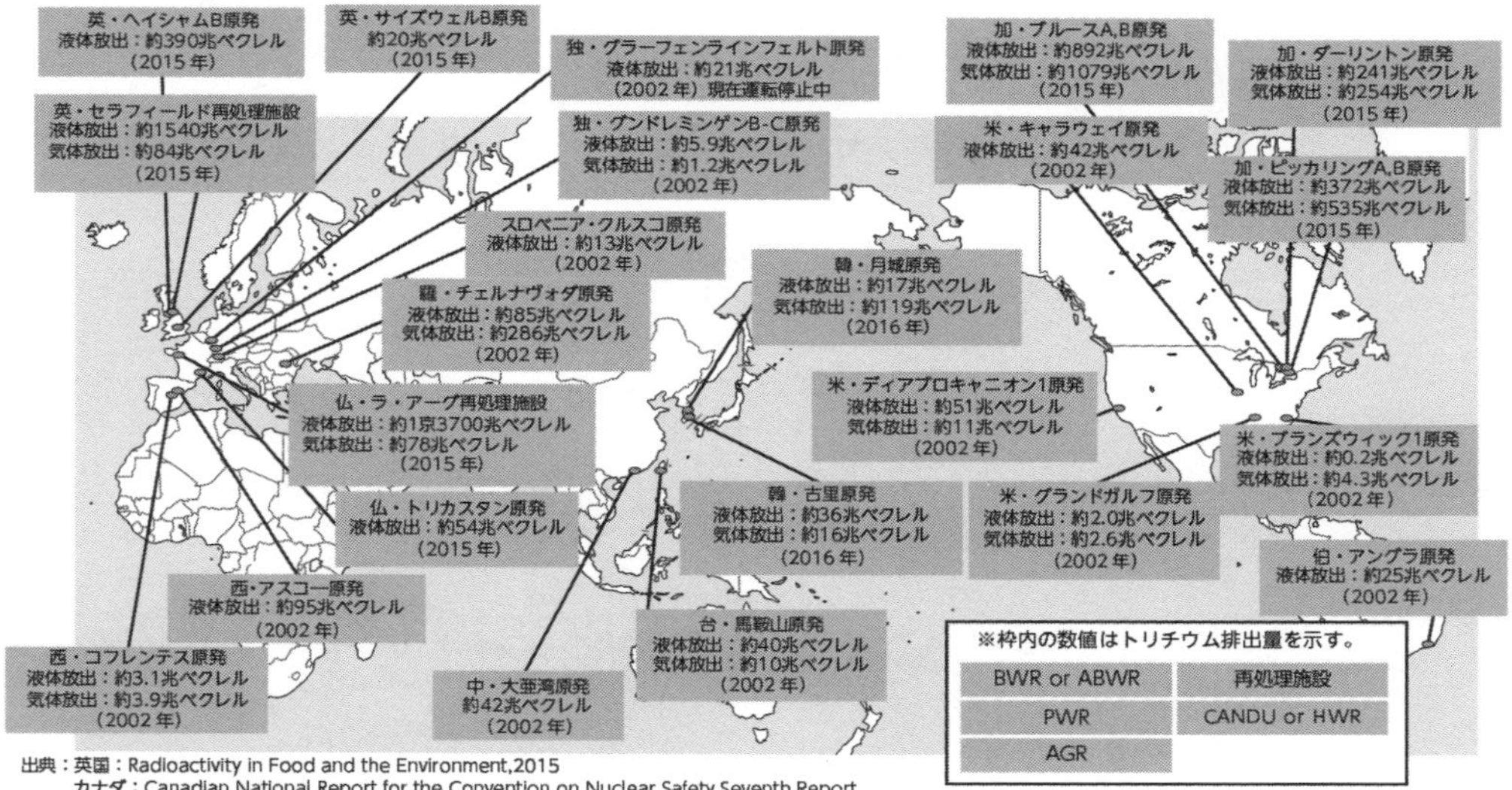

出典：英国：Radioactivity in Food and the Environment,2015
カナダ：Canadian National Report for the Convention on Nuclear Safety,Seventh Report
フランス：トリチウム白書 2016
韓国：2016 年度原発周辺の環境放射能調査と評価報告書、韓国水力・原子力発電会社（KHNP)
その他の国々：UNSCEAR「2008年報告書」

出典：経済産業省の識者小委員会資料から

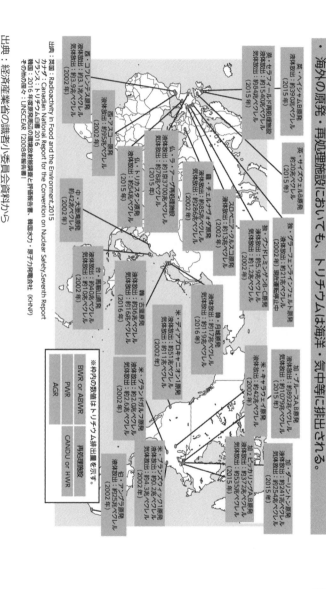

の放出（日本では実際に放出する場合はさらに希釈して放出する）は、放射線リスクで見たら、環境や人への影響は極めて低いと言える数値だ。

ちなみに、ネズミのマウスに1リットルあたり1・4億ベクレルのトリチウムを飲ませた実験がある。それでも、がんの発症率は通常の自然発症率と差がないという実験報告がある。6万ベクレルがいかに少ないかが分かる（トリチウムの性質については2章の鍛治さんの解説が参考になる）。実際に、そんな高濃度のトリチウム水を私たちが飲むことはないが、それくらいリスクの低い水を海へ流すということだ。

仮に福島第一原発の敷地にあるタンクに残る全トリチウム（2021年4月1日時点で約780兆ベクレル）を1年間で環境へ放出した場合でも、その放射線の影響は、自然放射線の1000分の1以下だ（2020年11月の経済産業省資料）。

また、すでに少し述べたように、海外の原子力施設でも規制基準をクリアしたうえでトリチウムが放出されていることを知っておきたい。韓国の月城（ウォルソン）原子力発電所からは年間、約140兆ベクレル（うち気体の放出が119兆ベクレル）のトリチウムが排出されている。フランスのラ・アーグ再処理施設からは年間、約1・3京ベクレル（1京は1兆の1万倍）のトリチウムが放出されている（図1-5、図1-7）。

こうしてみると、放出規制基準をクリアした処理水なら、周囲の住民に健康被害が生じるわ

図 1-6　サブドレンなどの構成

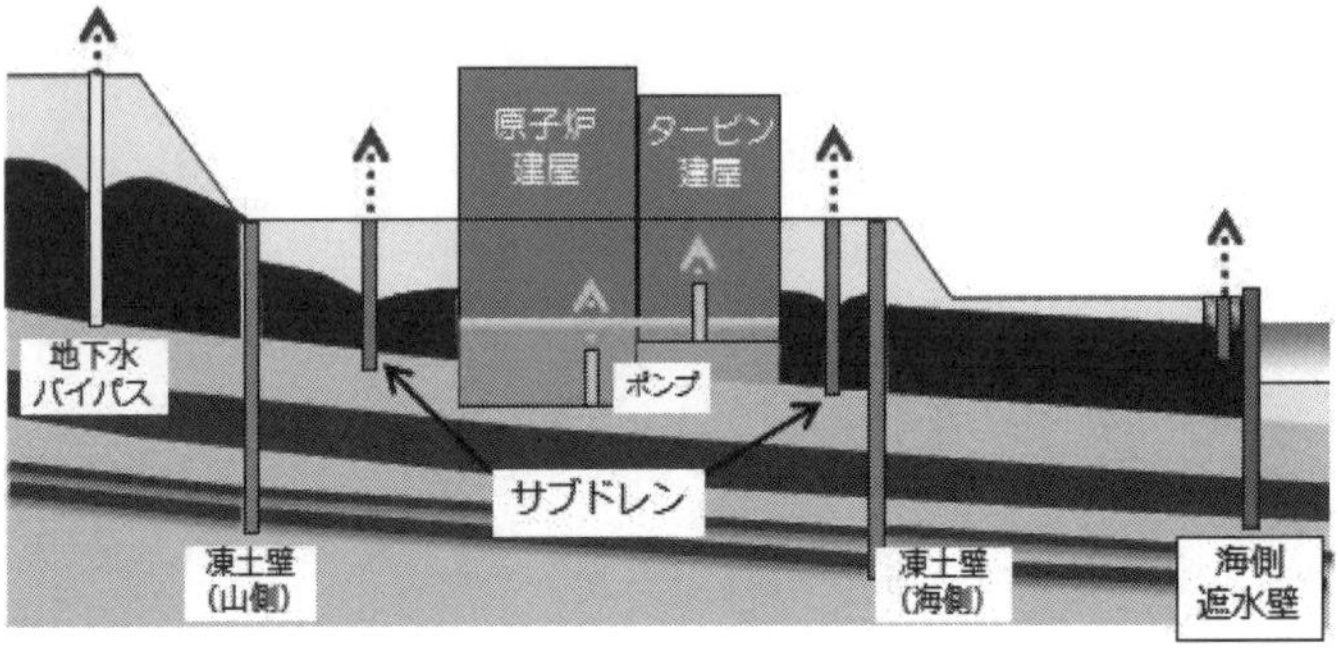

けではなく、海へ流してもよさそうに思えるが、そうならないところに問題の難しさがある。

とはいえ、実を言えば、トリチウムはすでにわずかではあるものの、福島県内の漁業者の同意を得て、２０１５年から海へ放出されている。つまり、原子炉建屋近くの井戸（サブドレン）でくみ上げた地下水を海へ放出しているのだ。この地下水は建屋内の高い汚染水に触れているわけではないが、事故で飛び散った放射性物質がわずかに含まれているため、浄化処理したうえで海へ排水しているのだ（図1-6）。

その排水中のトリチウムの管理運用濃度は1リットルあたり１５００ベクレル未満だ。原子力規制委員会が定める1リットルあたり6万ベクレル（環境放出基準）よりもはるかに低い数値だ。２０１５年当時は、このことが多少はニュースになっていたものの、大半の国民はよく覚えていないのではないか。

政府が実際にアルプス処理水を海へ流すときは、すでに放

図１‐７　各国の原子力施設が海などに放出している年間のトリチウム量
（年によって差あり、経済産業省の資料や読売新聞・毎日新聞の記事を基に作成）

日本	福島第一原子力発電所（事故前）	２２兆ベクレル
	ALPS処理水（今後の予定）	２２兆ベクレル
	川内原子力発電所（2017年度）	４６兆ベクレル
	大飯原子力発電所（2019年度）	５６兆ベクレル
	伊方原子力発電所（2019年度）	１６兆ベクレル
韓国	古里原子力発電所（2017年）	５５兆ベクレル
	月城原子力発電所（2016年）	１４０兆ベクレル
中国	大亜湾原子力発電所（2002年）	４２兆ベクレル
カナダ	ダーリントン原子力発電所（2015年）	２４１兆ベクレル
フランス	トリカスタン原子力発電所（2015年）	５４兆ベクレル
英国	ヘイシャムB（2015年）	３９０兆ベクレル
	セラフィールド再処理施設（2015年）	１５４０兆ベクレル
米国	ディアブロキャニオン（2002年）	５１兆ベクレル

※日本国内の原子力発電所でも、福島原発事故前は年間平均約 380 兆ベクレルのトリチウムを放出していた「原子力施設運転管理年報」。

出されている１５００ベクレル未満に合致する形で放出するだろうと私は見ていたが、やはり予想通りだった。１５００ベクレル未満なら、既成の事実と矛盾しないからだ。

しかし、海に流す放出濃度の１５００ベクレル未満に対しては、放射線の専門家から批判の声もある。トリチウムを１リットルあたり6万ベクレルで環境に放出しても、人体などに悪影響がないことはすでに科学的な安全性評価で国際的に合意されている。その合意に従って、日本も6万ベクレルの基準で放出すればよいのに、なぜ、日本だけが勝手に１５００ベクレル（科学的な根拠はないように思える）という新たな基準で放出するのかという疑問だ。国内の他の原子力発電所でも１５００ベクレルで放出しているわけではない。もし内外で市民から「１５００ベクレルという日本の基準に従って放出すべきだ」という新たな運動が起きたら、窮地に陥るのは日本も含め原子力施設をもつ国々である（図1-7）。

一見聞こえのよい１５００ベクレルという低い放出基準の背景にも、大衆迎合的な忖度が見られる。このことがあとあと自分の首を絞めることにならなければよいが、と老婆心が働く。そういえば、原発事故のあと、放射性セシウムの基準値が一般食品で1キログラムあたり１００ベクレルと決まった。安全のためではなく、安心のためだった。欧米諸国の基準が１０００～１２００ベクレルだったのと比べると市民受けする基準値だったが、このことが福島産農産物の流通やスムーズな福島の農業再生を妨げたことを思うと、またも同じ過ちを犯すのかと正直心配になる。

これまで長々と説明してきたが、日本がトリチウムを含む処理水を海へ流しても、人の健康や環境に影響がないことは明白である。ところが、現実には、海への放出が本当にこのまま実現するのか不透明なのが現状である。政府の決定が世論の動き次第でいつつぶれるかもしれないからだ。そのぶれや状況の打開を阻む大きな要因のひとつは「偏ったメディア報道」にあると考える。

問題をこじらせるメディアの5つの要因

■立ちはだかる「安全でも、安心できない」という論理

これまでの説明を聞けば、多くの人は「62種類の放射性物質が基準以下に除去された処理水」なら、海へ放出しても、特に問題はないと考えてくれるはずだと思う。東京電力がセシウム１３７を基に想定したシミュレーション予測（２０２０年7月の『「トリチウム」について』の資料から）が正しいとすれば、処理水を放出した場合、福島沖の海水のトリチウムの濃度は1リットルあたり10ベクレル以下と低い。これはＷＨＯ（世界保健機関）が定めているトリチウムの飲料水基準（1リットルあたり1万ベクレル）の１０００分の1程度である。

さらに、周辺住民に対する健康リスクもないとなれば、科学的に考えて、海への放出は極めて現実的な選択肢だし、それは可能だと多くの人は思うだろう。

ところが、世の中はそう簡単にいかない。科学的に安全だからといって、国民が安心するわけでもなく、納得するわけでもないという論理が立ちはだかるからだ。「国民の多くが安心できないといっている以上、風評は必ず起きる」という論調もよく聞く。

ではなぜ、安全なのに、安心できない（不安だ）という国民の空気が生じるのだろうか。

科学的な事実を国民に伝えるべき使命をもっているはずのメディア（新聞やテレビなど）が、その使命を果たそうとしていないことが大きな要因だと考える。裏を返せば、メディアがそういう使命感をもって報道すれば、国民の不安感は必ずや低くなるはずだ。

■当事者意識をもったメディアの不在

この「安全でも、不安だ（安心できない）」という図式は、今も昔もさまざまな問題の解決を阻む思考の壁だ。この思考の壁は、何も処理水に限らない。ＢＳＥ（牛海綿状脳症）の全頭検査でも見られたし、遺伝子組み換え作物でも、ごく最近のゲノム編集食品でも見られる。子宮頸がんを予防するＨＰＶ（ヒトパピローマウイルス）ワクチンもそうだろう。

メディアはたいていの場合、「多くの市民は『安全』と言われても、安心できていない。政府や自治体はこの国民の不安をどう払拭しようとするのか。問題の解決のためには国民の不安を払拭させるのが先だ」といった論調を延々と繰り返している。

遺伝子を効率よく書き換えるゲノム編集トマトが２０２０年12月に国に届け出られたときも、新聞は総じて「国民の不安をどう払拭するかが課題だ」と報じた。政府に不安を払拭する責任があることは事実だが、では、メディアにはないのだろうか。

どうみても、問題をこじらせているのはメディアである。そのメディアの特徴的な５つの要因を挙げてみる。

1　そもそもメディアは問題を解決しようとする当事者意識を持っていない。
2　小さなリスクを強調して大きく報じるのが記者（報道機関）の使命だと思っている。
3　被害者の声を大きく伝えるだけで満足する記者が多い。
4　ことのリスク（危険性や被害）の大小よりも、情報の隠蔽、説明不足を重視して政府などの責任を追及する傾向がある。
5　公的機関がまとめた科学的な事実（検証結果）を的確（または詳しく）に報じない。

■2020年の「乱」

この5つの要因がどのように問題をこじらせているかを具体的に振り返ってみよう。

実は、アルプス処理水の海への放出は2020年10月に決まるかに見えた。10月17日、主要な新聞は一面トップのニュースで一斉に「政府は今月下旬にも関係閣僚会議を開いて、海洋放出する方針を決める」と報じた。

これらの見出しを見て、私はいよいよ海へ放出されるのかと胸騒ぎを覚えたほどだ。

ところが、1週間後、主要新聞は「海への放出　延期へ」と報じた。わずか1週間で、期待された政治的な決断が覆ってしまったのである。漁業関係者の猛反対が背景にあったようだ。

では、この前後で新聞はどう報じていたのだろうか。

朝日新聞は10月17日付の一面トップで「海洋放出すれば風評被害が出ることは必至で、壊滅的な状態になることが危惧される」とする全国漁業協同組合連合会（漁業関係者の全国団体）の声を伝えていた。毎日新聞は放出自体の危険性を強調することはなかったが、さまざまな声を取りあげ、「懸念は国内だけでなく、韓国なども示しており、韓国などに批判の材料を与えることになりかねない。国民の不信も拭い去れず、余計な風評被害を招くおそれがある」と風評の発生を懸念した。

一方、読売新聞は「決断先送り限界、廃炉作業の足かせ懸念、トリチウム濃度『飲料』レベルに」などと、少しでも問題を前進させようとする肯定的な内容を伝えていた。

このように、多くのメディアは漁業者や自治体の立場に立って、「不安」や「風評」を強調した。

健康被害が明らかに想定されるような放射性物質の放出なら、当然、消費者や生産者の「不安な声」を伝える意義は高いだろう。しかし、今回のように処理水の人体や環境へのリスクは極めて低いときにも、あえて「不安」を強調する報道は、問題をこじらせるだけに終わる。

■社会派記者たちはリスクを強調

東京新聞の記者は福島沖の漁船に乗り、海への放出に反対する漁師の声を伝えた（２０２０年11月３日付）。「10年我慢して我慢してきた。今トリチウム流したら、魚を食べなくなると思うよ。福島の漁業をやる人いなくなっと。明日はわかんねえんだもん。自殺者が出るよ」など漁師の悲痛な叫びを伝えた。この種の記事は通常の社会派的なルポとしては合格だろうが、この時点でこういう漁業者の声を伝える価値がどれだけあるかは疑問だ。漁師の声が読み手に不安と誤解を与えるだけだからだ。

この種のルポは、子宮頸がんなどを予防するＨＰＶ（ヒトパピローマウイルス）ワクチン接種問題で全身の痛みなどを訴える女子たちの声だけを大きく伝えるのと似ている。被害に遭う人たちの声を載せると同時に、では、どうすれば解決の道があるかを多角的に報じなくては、問題をこじらせていくだけだ。

２０１８年に政府から海洋放出案が浮上した際にも、さっそく東京新聞は国を批判する記事を載せた。原子力規制委員会の更田豊志委員長の「安全なレベルにまで薄めて海に流す海洋放出を処分の『唯一の手段』」との見解を紹介したあと、崎山比早子・元放射線医学総合研究所研究官の見解を載せて記事を締めくくった。

崎山・元研究官のコメントは、まさに不安をあおる典型的な記事だった。「トリチウムは水と同じくどこにでも入り込む性質があり、ＤＮＡにも入りこむ。あらゆるところから人体を傷つけ、害を及ぼす実際の力は大きいと言える。体内に入ってすぐ病気になるわけではないが、ＤＮＡを傷つけることは分かっている。人体、特に乳幼児への影響を思えば、少しでも取り込みを増やさないようにするべきだ。政府の言う『安全』は、リスクがゼロという意味ではないと警告する」（筆者で一部要約）。

すでに述べたように、トリチウムはそもそも空気、水、川、人体に微量ながら存在する。そういう事実に対して、トリチウムが少しでも体内に入れば、ＤＮＡを傷つけて、がんを起こすかのような論法を、東京新聞は崎山氏の言葉を借りて、読者に伝えている。

崎山氏は過去にもこの種の話（私から見れば、科学的事実を正確に伝えているとは思えない言説だが）を繰り返してきたので、崎山氏自身は持論を述べたまでだ。そのこと自体を批判するつもりはないが、他の放射線の専門家から見たら、トンデモ論に見える崎山氏の考えをあえて選んで記事にしたのは東京新聞だという事実こそが問題なのだ。

この記事を読めば、東京新聞の記者たちは、何が何でも処理水のリスクを強調して伝えたいことが分かる。こういう東京新聞のような記事（もちろん東京新聞にも良い記事は多いが）こそが不安をあおる典型的な報道である。

ちなみに、身の回りには人のＤＮＡ（遺伝子）を傷つけるものはいくらでもある。みなが気にせずに飲んでいるアルコール（お酒）は国際がん研究機関（ＩＡＲＣ）のグループ分類で「発がん性あり」（グループ1）だ。毎日、食べているおコメにも「発がん性あり」と分類されているヒ素やカドミウムが含まれている。喫茶店で飲むコーヒーの中にも発がん性物質はたくさん含まれている。フライドポテトなどの揚げ物を食べても、発がん性物質のアクリルアミド（意外にリスクは高く、どんなに微量でもがんを起こす「閾値」なしの発がん性物質）を私たちは毎日のように食べている。それらの発がん性物質のリスクと比べれば、海へ放出したときのトリチウムの発がんリスクは、極めて低く、ゼロに近いと言ってもよいだろう。

■事態の打開に関心の低いメディア

海への放出リスクをここまで危険視する東京新聞の言い分は暗に「リスクがゼロになるまでタンクで保管しておくべきだ」というメッセージに聞こえる。このタンク増設の是非に関する議論は、のちほど触れるが、どちらにせよ、東京新聞の記者は不安をあおること、危険性を指摘することで記者の使命を果たしていると思っている節がある。

さらに東京新聞の記者が問題を解決しようとする気持ちを微塵も持ち合わせていないことも分かる。

この種の「事態の打開に関心の低いスタンス」は東京新聞に限らない。

2020年1月、経済産業省の識者小委員会（小委）が「海洋放出が妥当」との判断を示したとき、朝日新聞は社説で「環境中に放出すれば、風評被害が生じる恐れがある。拙速な判断は厳に慎まねばならない。忘れてはならないのは、小委が一連のプロセスをガラス張りにするよう求めている点だ。密室で議論しても、政府の最終判断に国民の理解は得られまい。情報公開が肝要である。息の長い取り組みになることを、政府は肝に銘じなければならない」（2月1日付、一部の抜粋）と書いた。

この種の社説を読んで、いつも感じるのは、まるで傍観者的な視点だということである。タンクがどんどん増えて敷地からあふれ出そうとするときに、「拙速な判断をしてはならない」とか「息の長い取り組みを覚悟せよ」といったところで、何も前進しない。

こういう事態がひっ迫しているときにこそ、事態の打開につながる建設的な提言を示し、さすが「朝日新聞の頭脳は違う」と一目置かれるような社論を読みたいものだが、そういう時代を先取りするような鋭角的な新聞の提言や展望を読む醍醐味を一度も味わったことがない。政府を利する提言などまっぴらごめんということか。

毎日新聞の記事でも「処理水の処分をめぐる議論が尽くされたとは言えない。時間切れ放出は許されない。政府・東京電力はこれまで以上に説明と対策を尽くすべきだ」といった論調をしばしば見る。しかし、政府が仮に全都道府県の100カ所以上でトリチウムに関する科学的説明会を開いたところで、一定数の反対意見がある限り、メディアは「議論が尽くされた」と書くことは絶対にないだろう。

であるからこそ、政府は記者たちに向けて、科学的な事実を説明しているのだが、それを聞いた記者たちはその政府の説明をしっかりと報じない。政府のメッセージをそのまま載せるのは記者精神にもとるという意識がどこかにあるからだ。先に触れた東京新聞の場合、政府の識者による「トリチウムは生物の体内での濃縮は確認されていない。放射線の力はセシウムなどより弱い」といった解説を短く載せたあと、崎山比早子・元研究官のコメントをかなり長く紹介して締めくくるという記事だ。

記事の最後が「危ない」で終われば、危ないという印象が残るはずだ。記者はあえてそういう手法をとっているわけだ。いくら国が科学的事実の説明に尽くしても、受けて立つ記者がこれでは、とても科学的な事実は伝わりようがない。

■不安を払しょくするのは誰の役目なのか

この種のメディアのスタンスは、新型コロナワクチン問題に関しても現れる。たとえば、毎日新聞の社説（2021年2月17日付）は「不安拭う説明と体制必要」との見出しで、「（政府は）ワクチンの恩恵とリスクについて、国民に丁寧に説明することも求められている。国民が混乱しないような体制の整備に全力で取り組むべきだ」と書いているが、不安をぬぐう責任は政府にあって、メディアにはないかのような論調である。

不安をぬぐうことが必要だと記者（新聞社の論説委員）が心底思うなら、自ら不安をぬぐう記事をどんどん書けばよいのに、そういう記事はほとんどない。「不安をぬぐう記事を書くことは記者の仕事ではない。それは科学者か政府の仕事だ」といった意識がどこかにあるのだろう。

これに対して、同じ新聞でも、福島県で新聞を発行している「福島民報」や「福島民友新聞」は、当事者意識があり、中央紙とは異なる。地元紙の場合は、自分たちの問題なので「息の長い取り組みが必要だ」と他人事のように言って終わらせることができないからだ。地元紙が事態の解決に向けて真摯に記事を書いている事例は5章で詳述する。

確かに、1960～70年代の公害に見られたように、廃水などを垂れ流す悪徳企業のように悪役が決まった事件なら、悪をたたけばよかった。悪いのはこの企業、この化学物質だと糾弾していればよかったのだが、いまはそういう構図ではない。

新聞やテレビが、ある現象のリスクの大きさを正確に伝えるよりも、不安を強調する傾向があるのは、一種のメディアの宿命みたいなものだろうが、そういう宿命の中でも、少しでも事態を前進させる記事がこれからは必要だと強調したい。

世界の先進国で使われて、子宮頸がん（正しくは前がん病変）を減らしているHPVワクチンの接種再開（積極的な接種勧奨の再開）が日本国内でなかなか進まない背景には、こういう不安重視のメディアの姿勢があるからだといってもよいだろう。

■既存の新聞・テレビはニュース枠を提供しよう

ＳＮＳ（ツイッターやフェイスブックなどのソーシャル・ネットワーキング・サービス）の出現で新聞やテレビの影響力が衰えたとはいえ、新聞やテレビはいまなお、数千万人の読者・視聴者に情報を伝える有力な伝達手段である。処理水の放出問題が、風評被害が生じることなく解決されれば、福島の復興や日本の経済再生にとって、どれほどプラスになるか計り知れない。

この事態を打開するために、たとえば、テレビ局が夜のゴールデンタイムを「処理水問題をみなで考えましょう。政府や専門家の解説もしっかりと聞きましょう」とタレントを活用した問題解決型特集番組を組めば、どんなにすばらしいかと思う。ここは、ジャーナリストの池上彰氏に「池上彰のニュース！」で取り上げてほしいところだ。

ところが、現実には、政府や識者がいくら科学的な事実に基づく決定をくだそうとしても、メディアから出てくるのは、「ＡＬＰＳ処理を行っても放射性物質をすべて取り除けたわけではない」「トリチウムの分離技術が確立されるまで放出するべきではない」「処理水を希釈して放出したとしても、放出する放射性物質の総量は変わらない」「放出で漁業者に対する風評被害が確実に発生する」「国民の合意が取れていない中で、結論を急ぐべきではない」「海洋放出で汚染が世界に広がり、国際社会から批判を受ける」といった声だ。

海への放出を先送りする時間的・財政的な余裕があれば、こうした議論も許されよう。しかし、タンクは2022年度には敷地内を埋めつくす。一方、廃炉作業で発生する燃料デブリなどを保管・分析する施設をつくる新たな敷地も必要になる。「反対意見があるうちは、放出すべきではない」という意見はたしかに理想であるが、それは事態の放置に等しい。

だからこそ、史上最大のリスクコミュニケーションが必要なのである。新聞やテレビなどのメディアは、そのリスクコミュニケーションの大きな一端を担う以上、決して他人事を装うことは許されない。

こういうと、おそらく、新聞やテレビが政府に協力したら、それはメディアの自殺行為だという声が聞こえてくる。民主主義の要諦は、メディアによる政府批判だ。政府の権力を監視することでメディアは市民から信頼されている。いくら科学的な解説の報道とはいえ、政府に協力したら、メディアは自滅する。そういう反対論も理屈では正論だろう。だとすれば、処理水問題のさらなる先送りは、言論の自由と民主主義の避けようのないコスト（代償）だとあきらめ、このまま現状に甘んじるほかないのだろうか。

62種類の放射性物質の除去をどう見せるかが今後のカギ

■東京電力に必要な情報の出し方とは何か

もちろん、メディアだけに責任があるわけではない。

東京電力の側にもメディアが納得する形での情報の出し方が求められる。その悪い例が２０１８年に起きた。当時、国民と記者のほとんどは「タンクの多くに62種類の放射性物質が放出基準以上に残っている」という事実を知らなかった。

記者経験のある学者でさえも、このことを知らなかったことに驚きを感じた記事があった。水島宏明・上智大学教授（元日本テレビ「ＮＮＮドキュメント」ディレクター）は「トリチウム以外は問題ないだろうと認識していたところへ、実は「トリチウム以外にも基準を超える放射性物質が62種類もあったというテレビ報道（２０２０年3月8日のサンデーモーニング）を知って、驚いた」とヤフーニュース（２０２０年3月9日）に書いている。

長い間、食品企業の不祥事問題を取材してきて感じるのは、「まさか、そんなこととは知らなかった」という予想外の驚きと信頼感の喪失が企業への不信感を生み出すという構図だ。

この62種類の放射性物質の存在を東京電力は隠していたわけではない。２０１６年11月の経済産業省小委員会にヨウ素129などがタンクに残っている資料が提出されていた。しかし、委員の中でもあまり関心を引かず、詳しく議論されることはなかったようだ。委員の中でもこの状態なので、世間の人たちが知るよしもなかった。2018年8月に共同通信がこの事実を報じて大きな注目を浴びた。

この問題に関心を示し、2018年8月末に開かれた公聴会に出席した白井洋一氏（遺伝子組み換え作物の環境影響などに詳しい研究者）は「風評とは情報が正しく理解されずに歪曲されて広がることだと思うが、今回は最初の情報を出す経産省や小委員会、そして東京電力が、わざと誤解と反発を招くとしか思えないような情報の出し方をした。正直あきれ、がっかりした」（FOOCOM・NET、2018年9月5日付け記事）と書いている。東京電力や政府の側に都合の悪い情報でも積極的に公表する姿勢がなかったことに落胆したわけだ。この道の専門家でもない研究者ががっかりしたという事実は重い。

さっそく毎日新聞や朝日新聞は社説で「東京電力はまたも情報を隠蔽した」と批判した。メディアは、たとえ資料が政府の委員会に提出されても、それをもって「公表した」とは受け止めない。記者会見を開いて、記者たちに説明して初めて公表したことになる。

記者が知って初めて公表されたと受け止める考え方に対して、「記者はそんなにエラいのか」と思う人もいるだろうが、現実として、記者たちの意識がそうなっているのだ。週刊誌でもそうであるように、問題を初めて知って驚き、提起して騒ぐのは記者である。

■記者が注目するのは想定外のリスク

つまり、記者たちが驚き、注目するのは、自分たちが知らなかったことを初めて知るときだ。最近も似たような記事を見た。毎日新聞の記者が注目したのは、62種類の放射性物質が残るタンクの処理水の方だった。

福島第一原発の多核種除去施設（ＡＬＰＳ、アルプス）を訪れて書かれたルポ記事（毎日新聞２０２０年9月20日付）で、記者はトリチウムのリスクについては「線量計を当てると毎時０・２６マイクロシーベルトの目盛りを指した。その場所の大気中の線量と変わらないのを確かめた」と肯定的に書いたかと思いきや、残る記事の後半は、環境放出基準を満たしていない約７割の不完全処理水（62種類の放射性物質が含まれる処理水のこと）のことを詳しく報じた。

この記事では「タンク内には、放射性物質の炭素14が想定よりも多く含まれていることが明らかになった」と書いている。炭素14は62種類の放射性物質とは別の物質だ。記者たちが関心を示すのは、トリチウムではなく、想定していなかった物質が新たに発見されることだ。炭素14は記者にとって想定外の事実なのでニュース価値が高くなるのだ。

記事で炭素14に触れたなら、ついでにその化学的性質と人への影響を解説してほしいが、記者はさも危ない放射性物質かのように、読者を脅したままで記事を締めくくっている。炭素14（半減期は5730年）はいろいろな有機物に含まれ、年代測定によく使われる炭素の同位体だ。体への影響はほとんどない。

東京電力は「炭素14の影響は小さいため、アルプスの除去対象（測定対象になっている）として設計されていないが、基準以下になるよう処理する」と説明している。要は、新聞では触れられずに未消化になっている事実をいかに分かりやすく、皆に伝えていくかが東京電力の広報の役割である。今すぐにでも、新聞記事の不十分な内容を補って解説するウエブサイトを東京電力はホームページに開設すべきだろう。

■第三者組織の設置で透明性を確保したい

このあたりの情報の出し方は非常に重要だ。62種類の放射性物質が放出基準以下に確実に除去され、それを国民が知ることが解決の大前提だからだ。ただ、それでもまだ完璧ではない。私の知人である食品リスク専門家は以下のような疑問をぶつける。

「62種類の放射性物質は本当に基準以下に除去できるのか疑問だ。そして、仮に62種類の放射性物質が除去されたとしても、原発事故で発生した燃料デブリにふれたあとの処理水と世界中の原子力施設で放出されているトリチウムを含む処理水が本当に同じ性質とみなしてよいかも疑問だ」。

こういう素朴な懸念にも誠実に答えていくことが必要だろう。

ちなみに海外の原子力施設から放出されているトリチウム水にも、62種類の放射性物質に数えられるコバルト60、マンガン54などが含まれており、福島だけが特別というわけではない。

これまでの説明で言えることは、62種類の放射性物質が除去される過程をガラス張りにして公開し、第三者組織の査定・確認を得ながら、除去過程を逐次見せて、国民の信頼を得ていく広報活動が必要だろう。記者たちの基本的な疑問に応えながら、メディアと接すれば、メディア側の理解も深くなるはずだ。

ただし、メディアへの大きな期待は禁物だ。メディアはいくらリスクがゼロでも、自ら進んで「安全です。心配は無用です」「海洋放出を容認します」といった政府の路線を後押しするような報道をすることは絶対にない。メディアが望んでいるのは、ニュース素材となる不安な声だということを忘れてはいけない。

このままタンクを増やし続けることは可能か

■タンクの増設にも面倒なコミュニケーションは必須

この本を読んでいる皆さんの中にも、このままタンクを敷地内で長く管理していくことができるならば、それも選択肢のひとつではと思っている人がいるだろうと思う。

実のところ、このままタンクを増やし続けるだけならば、地元の漁業関係者との面倒な説明会も不要だし、国民に向けたリスクコミュニケーションも不要になる。海へ流さなければ、現状のままなので、海外からの批判にさらされることもない。

確かに、100～200年の長期間にわたり、安全で確実に管理する技術力と巨額な費用（電気料金か税金という形で結局は国民が負担することになるが）が捻出できるならば、面倒なリスクコミュニケーションをしなくて済む。選挙の得票にもつながらない苦しい政治的な判断も不要になる。

現にちまたでは、いまより10倍程度も大きい巨大なタンクを敷地内に設置して、そこへ処理水を入れ替えて長期間保管するというシナリオもささやかれている。ネットを見ると以下のような見方もあった。

「現実的な方策は、石油備蓄基地に準じた大型タンクによる長期保管か、海洋放出しかない。長期保管の場合、10万キロリットル級の大型タンクを予備を含めて15基設置することになる。１２０年保管するとトリチウムの濃度は1リットルあたり１０００ベクレルに、２４０年間の保管で１ベクレルになる」（牧田寛氏の「東京電力『トリチウム水海洋放出問題』は何がまずいのか？　その論点を整理する」２０１８年9月４日）。

また、日本テレビで反原発の立場から震災関連ドキュメントを数多く手がけた加藤就一氏は近著『ごめんなさい、ずっと嘘をついてきました。』（書肆侃侃房）で次のように述べている。「大型タンクが11個で10年分。予算だって薄めて捨てるより格安でできると試算もされている。トリチウムの半減期は12・3年なのだから１００年保管すれば放射能は１０００分の１に減少する。それまで大型タンクに留めおいてから捨てれば、漁業者さんへの風評被害もきれいさっぱり消え去るのです」（筆者で一部要約）。

こうした大型タンクでの１００年間の保管構想は、反原発派の人たちの間では意外に支持されているようだ。

しかし、この長期間のタンク保管は福島の人たちに支持されるのだろうか。タンクを原発の敷地外の土地に増やして設置するためには、関係する自治体や住民の理解が必要になる。はたして「放射性物質を含んだタンクを１００年間、設置させてください」とお願いしたら、地元の住民は「それはよい考えですね。分かりました。どうぞ末永く設置してください」と快く言ってくれるのだろうか。

そんな楽観はありえない。タンク自体がかかえるリスクを外に広げるだけだからだ。対話と交渉という観点で見ても、敷地外へのタンクの増設には、これまた面倒な根気のいるリスクコミュニケーションが待ち構えている。仮に敷地外に増設すると決めたところで、地元の同意を得るのに2年や3年はかかるだろう。タンクの長期保管は、世間やメディアに波風を立てずに済むメリットはあるが、予想を超える台風や地震が来て、巨大なタンクが壊れ、処理水が流れ出る恐れだって、ないわけではない。この解決策については5章でさらに詳述したい。タンクの処理水をセメントなどでモルタル固化して地下に埋める案もあるようだが、とても地元の支持は得られないだろう。

一方、福島県内から集められた放射性物質を含む土壌を一定期間、保管する中間貯蔵施設用の土地にタンクを増設する方法も考えられるが、これにしても、やはり地権者をはじめ地元住民の同意を得るのは容易ではない。

処理水を大きな船で沖合まで運び、海底に投棄する方法もありえるが、これは廃棄物の海洋投棄を禁じた国際条約のロンドン条約で禁止されているので、国際条約違反になり、そもそも無理だ。

タンクの長期増設保管には別の問題も発生する。今後は廃炉になる原子炉から大量の燃料デブリ（事故で溶融した核燃料や原子炉構造物などが冷えて固まったもの）が取り出されるだろうが、その管理保管場所にも広い土地がいる。いつまでもタンク群が敷地を占領していては廃炉作業に支障をきたすという事情もある。

風評をいかに抑えるか

鍵はメディアの報道が握る

どの道を選ぶにせよ、「進むも地獄、退くも地獄」である。このままだと政府の人も東京電力の人も、意見交換、説明、対話でヘトヘトになるであろう。

カギとなるのは、やはりメディアの報道だろう。

処理水問題とは異なるが、新型コロナワクチンの接種をめぐる問題で、日本ワクチン学会は２０２１年2月23日、国内の新型コロナワクチンの接種で２例の副反応が出た段階で次のような見解を出した。

「接種後に生じた好ましくない事象というだけで、因果関係の検証もないままにさも本ワクチンとその接種が危険であるかのような騒ぎ方、あおり方は厳に慎まなければなりません。本ワ

写真1－6　BS 日テレ「深層 NEWS」（自宅で撮影したテレビ画面）

クチンの有効性が十分に高く、COVID19を制圧する可能性があるとすれば、それを実現できるかどうかは行政機関からの迅速かつ正確な情報の開示に加え、その内容のメディアによる偏りのない報道が成否のカギを握ると考えられます」

　偏りのない報道が成否を握ると強調する。処理水問題もまったく同じだ。

■今後は「風評」を抑えるリスクコミュニケーションが必要

　では、今後、処理水の放出で最大の難関は何だろうか。

　どのメディアも例外なく、「風評被害」への懸念を記事にしている。

「風評」とは、読んで字のごとくうわさの

写真1－7　BS日テレ「深層NEWS」（自宅で撮影したテレビ画面）

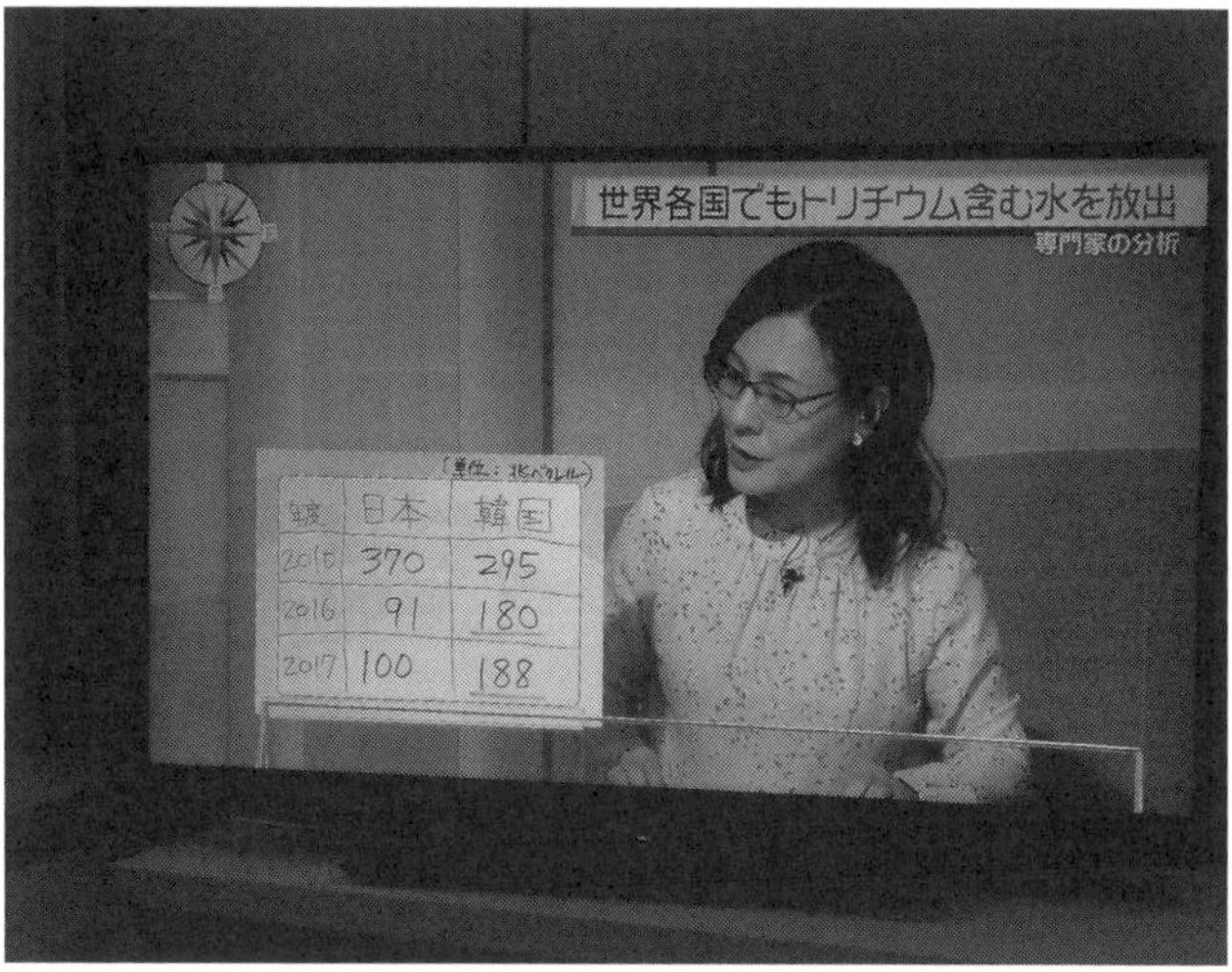

ことだ。うわさなら、国民が科学的な事実をしっかりと受け止めれば、打ち消すことが可能だ。

一視聴者としてテレビを見ていて、「これなら処理水を海へ流しても大丈夫だ」との印象を強く抱いたのは、世界中の原子力施設から、トリチウムを含む処理水が海や大気に放出されている事実を描写した世界地図の放映である。2021年4月14日に放映された「深層NEWS」（BS日テレ）の「処理水の海洋放出背景」（タイトル名）は海外の放出状況がよくわかり、出色の出来栄えだった（写真1-6、1-7）。

すでに述べたことだが、こういう世界での放出の様子が放映されれば、安心材料につながるはずだ。

■世界の常識はやはり日本でも常識のはずだ

世界中の原子力施設が処理水を放出しているのであれば、誰だって「日本が海へ放出しても批判されることはない」と考えるだろう。原発敷地内にある化学分析棟に入り、透明な処理水を見て、放射線量まで測った福島民友新聞の記者が次のような記事（2020年2月12日付）を書いていた。

「(処理水は韓国やフランスなどでも基準を守ったうえで海へ放出されているという）説明が現場実態に合っていると感じられたのは、こうして目の前で見たからだ……」。

現実に国民の多くがアルプス除去施設を直に見れるわけではないが、この記者が体験した安心感は誠実な報道を通じて国民にも伝わるはずだ。

そういう事実を考えると、処理水については地元の漁業者たちが風評被害を懸念している点を除けば、世界で起きている事実をビジュアルに伝えていくことが必要だ。風評が起きるのではないかという心の不安が現実に風評被害を生み出してしまう「自己予言成就」メカニズムを考えると、漁業者自身が「風評が心配だ」という顔をあまりテレビで見せないほうが戦略的には賢明だ（この問題は5章でも詳述）ということも提案したい。

■トリチウム専属広報官が必要

まだ課題はある。２０２０年11月10日に行われた第１７１回ふくしま復興支援フォーラム（オンライン）で講師の柴崎直明・福島大学共生システム理工学類教授（福島県廃炉安全監視協議会専門委員）は「放射性汚染水の現状と課題～海洋放出問題に関連して～」と題した講演で「海への放出が決まったあとでも、地下水はどんどん原子炉建屋周辺に流入し、処理水が減ることはない。地下水の流入を食い止める抜本的な対策を取らないと、トリチウム水問題は解決しない」と話した。確かにその通りである。

日本の海洋放出で気がかりなのは、廃炉作業のスケジュールに合わせた期間内に、果たして海洋放出が実現するかどうかである。

福島第一原発のタンク群に含まれるトリチウムの総量は約７８０兆ベクレル。このトリチウムの海洋放出に関して、日本政府は事故（２０１１年）前に福島第一原子力発電所で放出していた年間22兆ベクレル（放出管理目標値）を目安に放出する方針だ。日本国内の５基の原子力発電所からは16兆～56兆ベクレル（２０１９年度）のトリチウムが放出されていること（２０２１年４月14日付読売新聞参照）を考えると、22兆ベクレルという少量なら、批判されることもないだろうが、逆にそんな低い目標値にしたら、はたして30年で放出が完了できるのかという一抹の不安がよぎる。アルプス処理水を海へ流しながら、その裏で汚染水も新たに発生するという綱渡り的な処理作業が今後も続くからだ。

はたして本当に30年程度で処理水を流し終えることができるのだろうか。市民に受け入れられそうなポピュリズム的な目標値を掲げれば、今は乗り切れても、あとでそのツケに苦しむことになる。無理だと分かったら、速やかに22兆ベクレルという目標値を修正し、ほかの原子力施設並みのトリチウム放出量に切り替えるべきだろう。

東京電力はこうした懸念に応えるべく、トリチウム問題専属の2人のメディア広報官を置いてはどうだろうか。常に記者（海外の特派員も）と接し、常に市民の疑問に応え、ニュースの形で伝えられるような情報を的確に説明できる広報官がいれば、メディアからの信頼も厚くなるだろう。

同じことは政府行政側にも言える。記者がいつでも気軽に聞けるトリチウム報道官が経済産業省と首相官邸にいたら、うんと取材がしやすくなるだろう。トリチウム水問題を自分事として理解できる記者が少しでも増えることが解決への前進となる。

第2章

私は「処理水問題」をこう考える

トリチウム20グラムの重み

山田哲朗・読売新聞論説委員

ショウペンハウエルのエントロピーの法則
樽いっぱいの汚水にスプーン一杯のワインを注ぐと、樽いっぱいの汚水になる。
樽いっぱいのワインにスプーン一杯の汚水を注ぐと、樽いっぱいの汚水になる。
『マーフィーの法則』（アスキー出版局）

■タンク置き場となった1F

東日本大震災から10年となるのを前に、私は2021年2月4日、福島第一原発（1F）に取材で入った。

敷地の入り口近くに、2015年に完成した9階建てのビル「大型休憩所」がある。このビルには、作業員に温かい食事を出す食堂があり、2016年にはコンビニエンスストア「ローソン」が開店している。今も1Fでは日々4000人が働くが、事故直後と比べれば労働環境は大きく改善した。できるだけ放射線を遮蔽するため、大型休憩所に窓はほとんどない。外階段を使って屋上まで上がると、敷地を一望の下に見渡すことができる（写真２-１）。

かつてなら、木々が茂る広々とした原発敷地がここから見えたことだろう。しかし、今、目に付くのは、ひしめくように並ぶ水色や灰色の巨大なタンクだ。タンクの外側には、タンク内の水が漏れたときにそれを受け止める堰が設けられ、さらに堰は傾斜のついた屋根で覆われているので、タンクはスカートをはいているようにも見える。

予備知識がない人がこの景色を眺めれば、廃炉サイトではなく、タンクの貯蔵場と思うかもしれない。実際には、タンクは水で満たされているので、現在の１Ｆは貯水場だと言うべきか。

写真 2-1　福島第一原発の敷地に並ぶ処理水タンク。奥に３号機が見える

（提供：読売新聞社）

タンク群があるのは、海抜35メートルの高台で、その向こう側の一段低い海抜10メートルのところに、半分タンクに隠れて原子炉建屋が建っている。左から順に、骨組みを残し半壊した１号機。爆発を免れて原型をとどめる２号機。かまぼこのような形の特徴的な構造物が屋上に造られた３号機だ。この原子炉建屋の背景には、太平洋の水平

線が見える。

この静かな青い海が、数百年～千年に一度、大きく盛り上がって陸地を襲うことは確かに想像するのが難しい。しかし、震災を経験した今となっては、原子炉がなぜ平然と海に面しているのか、やはり疑問に思える。1960年代に原発の建設を始めた当時、東電は敷地を掘り下げ、海抜10メートルの地盤を造成した。巨大津波の危険を念頭に置いて、もう少し高くすることはできなかったのか。東北電力の女川原発（宮城県）は、建設時に敷地高を14・8メートルにすると定め、東日本大震災の津波を免れた。1Fとは対照的に、津波や地震で家を失った周辺の住民を受け入れ、避難所として機能した。

1Fには13メートル以上の津波が押し寄せた。10メートルの地盤が海水取得の観点や耐震の面で適当なものだったとしても、運転開始から事故を起こすまでには40年あった。水をかぶったときのことを考えて、何らかの対策を用意することはできなかったのか。

私は、1Fなどの原発で過去に所長や副所長を務めたことのある何人かの東電元幹部に、「事故による損失を考えれば、高台に非常用電源を置いておく費用などは大した額ではなかった。そうしたアイデアはまったくなかったのか」と尋ねたことがある。答えはやはり「なかった」というものだった。ある元幹部は「日本人、あるいは日本の規制というものは、決められた枠組みの中では決められたことをきっちり守るが、いったんその大きな枠組みを外れたことに対しては弱い面がある」と率直に話してくれた。まさに、自分たちの考えが及ばない「想定外」の存在である。

刑事責任や民事責任の有無とは別次元の問題としても、歴代の東電の経営者や技術陣、当時の規制機関には、プロとしての何らかの責任があったと言わざるを得ないだろう。しかも、ヒントがまったくなかったというわけではない。米原子力規制委員会（ＮＲＣ）は同時テロ後、原発がテロの格好の対象になりえることを悟り、非常用電源などの設置を電力会社に要求した。日本など関係国にもこの対策は伝えられていたが、日本では、テロと言われてもピンとこなかったのか、その警告に真剣に耳を傾ける人はいなかった（ある東電関係者は、この消極的な反応について、より厳しく「握りつぶされた」と表現した）。

もっとも、責任の所在を探し始めれば、マスメディアにも免責特権があるわけではない。環境や人体に影響のない些細な放射性物質漏れなどを大々的に報じる一方、肝心の炉心溶融のリスクについて具体的に指摘したこともなければ、確率論的な安全規制の拡充など大事故防止につながる対策を真摯に主張したこともなかった。ただ原発反対と声高に叫ぶだけでは、原発の抱えるリスクは少しも下がらない。それどころか、電力会社や官庁側の態度は硬化し、建設的な議論は隅に追いやられ、些末な手続き違反をただすことに汲々とするばかりで、大きなリスクはますます放置されることになる。

大型休憩所を去り、東電のバスで敷地南側にある「G1」と呼ばれるタンクエリアに行くと、1年前に来たときにあった空きスペースは消え、ぎっしりとタンクが立っていた。タンクは、2020年末で約1000基137万トン分の建設計画を完了したという。タンクは高さ12メートル、直径も12メートルほどで、一基あたり約1350トンの水をためることができる。ビル3階ほどの見上げるほどの大きさだが、隣のタンクとの間隔はわずか2メートルで、密集して重苦しい印象を与える。初期は、「フランジ型」と呼ばれるボルトで接合するタンクを使っていたが、水漏れの危険が大きいため、徐々に「溶接型」と呼ばれる、継ぎ目のない一体型のタンクに置き換えられた。建設費は1基あたりおよそ1億円とされ、全体では1000億円以上かかったことになる。建設が終わっても、漏水がないか毎日パトロールするなど、維持・管理のコストは発生し続ける。さらに問題なのは、こうしてタンクが高台を占拠したままでは、敷地スペースが限られ、廃炉作業全体の足を引っ張ることだ。将来、原子炉内に残る溶融燃料（デブリ）の取り出しに成功した際にも、安全な高台に保管場所がなくなる。

■戦艦ヤマトのメロディー

タンクエリアを去り、3号機の原子炉建屋にぴったりくっついて建設された「構台」の屋上に上がる（写真2-2）。1Fの敷地の9割以上は防護服なしで歩けるが、建屋周辺はまだ防護服が必要だ。手袋は二重にはめ、袖口と手袋の隙間が無いようにガムテープで貼り付ける。上にあがる工事用エレベーターは小さく、７人ほどが乗るのが精一杯で、ボタンを押すとガクンと揺れて動き出すのでかなり怖い。全面マスクとヘルメットをつけていてよく聞こえないが、エレベーターの中では、電子的な音色で「宇宙戦艦ヤマト」のメロディーが流れ、上昇・下降中であることを知らせる。作業員を鼓舞しようという選曲だろう。高線量の中、防護服に身を固め、黙々と仕事をする作業員のことを考えれば、そう場違いな曲ではない。思えばヤマトの任務も、放射能に汚染された地球を元に戻すことだった。

写真 2-2　３号機横の「構台」の屋上で

（提供：読売新聞社）

屋上に着くと、大型休憩所から遠目に見えた「かまぼこ型」のドーム屋根がすぐそばにある。この中のクレーンを使って、３号機の燃料プールに残っている使用済み核燃料の取り出しが着々と進められていた。隣の４号機原子炉建屋の周りに目を向けると、事故当時のまま、めちゃくちゃになった配管や壁材などが原子炉建屋の海側に残っているのがよく見通せる。そこからまっすぐ放射線が届くため、線量は今回、ここが最も高く、東電の担当者が測定機器を向けると、毎時235マイクロ・シーベルトを計測した。ここに4時間以上いると、だいたい一般人の年間被曝限度（1ミリ・シーベルト＝1000マイクロ・シーベルト）に達することになる。

この日は結局、バスや歩きで4時間ほど1Fを回り、身につけていた積算線量計が示した数値は70マイクロ・シーベルトだった。東京・ニューヨーク間を飛行機で飛ぶと、100マイクロ・シーベルトを浴びるとされ、それよりは低いレベルということになる。

■処理水とは何か

1Fが抱える問題の核心は、言うまでもなく、炉心に残る溶融燃料だ。いまだに熱を発し続けており、水をかけて冷却しなければならない。10年を経てまだ冷却が要るとは恐るべきエネルギーだが、それが、少量の燃料で膨大な電気を生み出せる理由でもある。冷却水は循環ルートが確立しているので、1Fの冷却水は、例えばクーラーの冷媒と同じように一定量がぐるぐると回っているだけで、理屈の上では冷却水の総量は増えも減りもしない。ところが現実には、原子炉建屋には、配管の隙間や壁の割れ目などを通じ、日々、地下水が止めどなく流れ込み、その分、循環水の総量は自然と増えていく。この増加分を浄化したうえでタンクに収容しなければならないため、タンクが増え続ける。

目には見えないので実感しにくいものの、１Ｆの敷地では、山側から海に向かって、地中を川のように地下水がゆっくり流れている。雨量が減れば川が涸れるように地下水も細る。地表を舗装して土にしみ込む水を減らせば地下水は減る。山側の井戸「地下水バイパス」で地下水を一部くみ上げ、原子炉建屋を「バイパス」させて海に送れば建屋への流入量は減る。建屋に近づいた地下水は、建屋をぐるりと取り巻く氷の壁「凍土壁」でブロックする。こうした数々の対策により、地下水の流入量はかなり抑えられてきた。以前は毎日５００トン以上が発生し、2日に1基という悪夢のようなペースでタンクが埋まっていったのに対し、現在は１日１４０トンまで減っている。10日で1基がいっぱいになるペースだ。タンクの空きは、２０２２年秋ごろにはなくなると見込まれる。

溶融燃料に触れて生まれる汚染水は、浄化装置のＡＬＰＳ（多核種除去設備）などに何度、通しても、トリチウムだけは取り除けず残ってしまう。それは当然のことで、トリチウム（三重水素）は、水素と同じように水（H_2O）の分子に組み込まれているため、より分けることが難しい。重さはわずかに違うので、研究室レベルで少量のトリチウムを凝集させることは可能でも、タンク千基分の膨大な量の水の中に薄く広がった微量のトリチウムを取り除くのは事実上、不可能と言える。

仮に、1Fのタンクにまじっているトリチウムをすべて集めると、重さはわずか20グラム程度という。大さじ二杯足らず、ヤクルトの容器なら三分の一ほどを満たすに過ぎない。1000基分であってもタンクに貯め続けなければならないほどトリチウムは毒性が強いのかというと、そうでもない。トリチウムは自然界にも存在し、雨水にも含まれている。我々の体内にも微量が入ってきている。あまり知られていないかもしれないが、基準値内のトリチウムは、実は震災前の福島第一原発からも、近くの福島第二原発からも、世界中の原子力施設からも、各国の基準に応じて粛々と排出されている。

おかしなことに、処理水の海洋放出を批判してきた韓国や中国の原発からも排出されている。韓国の原子力関係者や政治家は、自国の原発からトリチウムが排出されていることを百も承知だろう。普通の感覚では「自分のことは棚に上げて日本を非難するとは何たる厚顔無恥」と感じるだろうが、政治や外交の世界では、特段おかしなことでもない。問題は、科学的事実にはなく、国際的な宣伝戦でいかに効果的なカードとして使えるかという点にあるからだ。韓国の海産物禁輸措置などが風評被害の証拠の一つとなり、日本の漁業関係者がトリチウム水の海洋放出に反対する理由の一つとなっていることは、奇妙な話ではある。

しかし、考えてみれば、風評被害という言葉自体が語義矛盾をはらんだものだ。「根拠がないのに」被害が出るから風評と言うのであって、みんなが根拠がないことを知っているのである。実際に危険があって忌避されている場合、本来それは風評被害とは呼ばれないだろう。

■誰が決めるのか

トリチウム水は安全に海に流せる。事実、各地で流されている。にもかかわらず、少なくない費用をかけ、タンクに膨大な処理水を貯め続ける意味があるのか。専門家の間では、現実的な解決策は処理水を海洋放出するしかないということで最初からある程度、意見は一致している。というよりも、残念ながらそれ以外の現実的な選択肢がない。

ところが、巨大な原発事故を起こしたことで東京電力は十字架を背負い、何にせよ話をするときはまず謝罪してから始めなければならなくなった。何にせよ物事を前に推進させる力を失った。これは仕方のないこととして、ならば国益を代表する政治家や官僚がリーダーシップを発揮し、海洋放出の推進役を引き受けるのかと言えば、自らの立場を危うくしてまで不人気の政策を実行しようという人は少ない。「海洋放出が最適の解」という冷酷な事実は、タブーとなって凍結されたような状態だった。あるいは、解がわかっているとしても、それを認めてもらうには、少なくとも作れるうちはタンクを作り、限界まで努力する姿を示すことが要求される。「王様は裸だ」と大声で言えるのは、「大人の態度」を知らない部外者である。国際原子力機関（IAEA）やNRCなどは早くから海洋放出を唱えたが、同じことを日本の政治家や首長が言えば、たちまち失言として扱われただろう。ただ、外国人の意見は攻撃されることもないかわり、何事もなかったかのように聞き流される。日本の原子力規制委員会も早くから海洋放出を唱えていた。独立（あるいは孤立？）を保証されている機関だけあって、この点については一つの見識を発揮したと思う。

政府は当初、2020年夏頃までに海洋放出を決めるつもりだった。経済産業省資源エネルギー庁が作った有識者会議は2020年2月、海洋放出、大気放出、地中封入の三つの選択肢のメリット・デメリットを検討した詳細な報告書を作成した。しかし、報告書ができて政府が決断する条件が整ってもなお、「外国の目が集まる五輪前の決定はまずい」「国会開会中は格好の攻撃材料になるので避ける」「新型コロナウイルスの緊急事態宣言中はできない」「内閣の支持率が低いうちは無理」などと決定を先送りするうちに、一年がたった。安倍政権は、在任中にあった5回の国政選挙すべてで勝利し、権力基盤は強かったはずだ。側近も、原発を所管する経産省出身の「官邸官僚」が中枢を占めていたが、原発政策についての積極的なアクションは見られなかった。原発政策についての基軸が「原発には触らない」という姿勢だったとしか思えない。端的に言えば、原発問題が嫌いだったのだろう。

菅政権は、2050年のカーボンニュートラルを打ち出すなど、エネルギー政策については安倍政権より真剣に取り組んでいるようだ。しかし、新型コロナの感染抑止や五輪開催を目指す菅首相にとって、処理水の海洋放出は優先順位が低かっただろう。政治的リソースを消耗してまで、海洋放出に踏み込む動機はあまりない。説明能力の乏しい菅首相が２０２１年４月に海洋放出を決断したのは立派だったといえる。

ナイーブな私は昔から、政治家とはビジョンを示し、国の進路を定め、国民が正しい方向に向かうよう説得する存在だと思っていた。しかし、現代の政治家は、正しいことをすると次の選挙で不利になることを知っており、テレビのワイドショーやインターネット世論の動向に応じて、自らの進む方向を決めているように見える。

■「安全・安心」願望

そもそも消費者は処理水の問題について詳しく知らない人が多く、特段トリチウムを怖がっているふうにも思えない。ただ、食品が豊富にあふれる日本では、海産物を選ぶとき、福島産と他県産の同じようなものが並んでいたら、漠然とした不安から、他県産に手が伸びるのかもしれない。宮城県でも、漁港のインフラなどが破壊されたことで水産業に打撃が出て、回復には時間がかかった。いったん漁獲量が減ると、物流が細り、卸業者らがほかの仕入れルートに移ってしまうらしい。これは風評被害というよりは、純粋にビジネス上の問題だろう。この場合、仮に消費者がトリチウムに恐怖を抱かず、風評被害がゼロだとしても、福島の漁業は経済的になかなか回復しないことになる。

災害は、もともとその地域にあった問題を顕在化させ、加速化する作用があるという。漁業者の高齢化や、国際的な競争下で漁業が衰退するというトレンドがもともとあったとしたら、それに歯止めをかけ、さらに反転させるのは難しい。

風評被害の本質を突き詰めれば、ゼロリスクを求める我々の心性に行き着くのではないか。頭では問題ないと分かっていても、「やっぱりどこか気持ち悪い」という心理だ。1Fの処理水がほかのトリチウム水と違うのは、事故を起こした溶融燃料に触れたという点で、こうなると「祟り」や「呪い」に近い。福島産と聞くだけで事故にまつわる記憶や感情が呼び起こされれば、無意識のうちに風評被害を招く。こうした負の感情は、論理的なものではないので、政府や自治体がいくら論理的に説明しても解消されない。話の内容より、「話し手が誰か」という方が大事で、東京電力が何を言っても、もはや信頼されない状況もある。説得しようという態度自体が、傲慢だという反発を招くかもしれない。

2002年にノーベル経済学賞を受けたダニエル・カーネマン米プリンストン大学名誉教授は、著書『ファスト&スロー』（早川書房）で、「不安の度合いは危険の発生確率には一致しない。このようなときに不安をなくすためには、リスクの軽減や緩和では効果がない。発生確率をゼロにする必要がある」と、人間の認知バイアスを指摘した。

例えば、ワクチン接種で重篤な反応が起きる確率が10万回に３回とすると、本来、人は10万分の３の「重み付け」で心配すれば済むはずなのだが、実際には「もし自分の大切な赤ちゃんにそんなことが起きたらと思うと……」と不安が頭を離れない。損失は利得より過大評価される傾向があり、確率が10万分の２に、あるいは10万分の１に大きく下がっても、心配が２分の１や、３分の１に減るわけではない。ぴったりゼロという保証がない限り、恐怖の度合いはあまり低下しないのだ。

処理水の場合で言えば、トリチウムが正真正銘ゼロ（純粋な水）になれば議論の余地なく海洋放出は受け入れられるのだろう。だが、細かいことを言えば、そもそも自然界の水にもトリチウムは含まれている。１Ｆ由来の人工トリチウムと、自然に存在する天然トリチウムを区別すればいいとでも言うのだろうか。

ゼロリスクを希求する気持ちは自然な感情なのだが、だからといって放置しておくと社会をむしばむことになる。以前は、この「発生確率をゼロにしろ」という暗黙の要求により、電力会社側は「絶対に原発事故は起きません」という安全神話を語らなければならない立場に陥った。「安心・安全」を希求する人に、「事故の発生確率は10のマイナス何乗に過ぎません」と言っても無駄で、やはりゼロでなければ受け入れられない。この心性こそが、個人が克服しがたい、しかし社会としては乗り越えなければならない最大の課題なのではないだろうか。

福島原発事故の後、原発にまつわるものは、絶対悪になってしまった面がある。悪徳であり邪悪な存在である以上、事故の発生確率や、コストとベネフィットの比較、再生可能エネルギーとのバランスといった議論は不謹慎なものであり、原発は、地上からなくすことが美徳であり正義であるというわけだ。こうなると、政策論や技術論ではなく、イデオロギーの戦いになる。こうした世界では、「推進派」と「反対派」しかおらず、どちらも永遠に平行線のまま交わることがない。

処理水の問題では、タンク容量がいよいよいっぱいになるという物理的な限界に直面するまで、我々の社会は立ちすくむばかりで前に進むことができなかった。処理水の場合は別にそれでも構わなかったもしれないが、日本は将来も、何かもっと複雑で重要な問題に直面した際、同じような態度で臨むことになるのかと少し心配になる。

トリチウムの性質から言えることは何か

鍛治信太郎・科学ジャーナリスト

■「原発って根源悪なの?」

あの３・11から数カ月後。高校の部活の同期で、主将だった友人からのメールにそんな一言があった。「何じゃ、こりゃ?」。意味が分からなかったのでスルーした。しばらくしてその友人から電話があった際、また同じ問いかけをされた。「はあ、何のこと?」。「だって、おまえがそう書いてるじゃん」。

ようやく思い出した。高３の冬に書いた科学と社会に関するエッセーのことを言ってるのだと。実家で見返したら、確かにこう書いている。

「原子力のような根元悪（技術的問題などでなく、その存在自体、生産活動そのものが人間に有害である）をどうして科学が魔法のように解決できるものだろうか」

我々の母校では各教科の課題でつくった論文や卒論などの作品を集めて本にした「論集」というものを年度末に発行している。その論集の自由投稿コーナーに何本か出して採用されたものだ。

同級生はよくもまあ、大昔に書いたこの文章を覚えていたものだ。おそらく当時の私は、日本で大事故が起きるなんて思っていない。単に原発の長期的な稼働は環境や住民に緩慢だが確実な悪影響を及ぼすと考えていたのではないかとおぼろげな記憶がある。

その科学エッセーを書いてから数年、社会人になった。初任地は福島。福島を去るころ、精神的に相当なダークサイドに落ちて、厭世的になっていた私は、短いコラムに原発に関する捨て台詞のようなひどい離任の挨拶を書いた。もちろん没だったが。本心ではないとはいえ、冗談でもあんなことを書くのではなかったといまでは深く後悔している。日の目を見てないけど。

何が言いたいのかといえば、10代のころから少なくとも入社2、3年目ぐらいまで、私は間違いなくかなり強硬な原発廃止論者だったということだ。しかし、そんな記憶はいつの間にか消え失せ、気づけば「無関心による現状受容」という日本人最大派閥の一員になっていた。

無関心とは何かのきっかけがあるのではなく、日々日常の中、認識できない速度で浸食する。思い出せないが、忘れてしまった重要なことがほかにもたくさんあるのではないかという気がする。その一方で、当の本人すらすっかり忘れていることをどこかで誰かが記憶にとどめているかもしれない。活字にはそういう力があるのだ。

私の原発に対するスタンスは、中学の地学担当教師の授業に影響を受けている。当時ほとんど話題になっていなかった先進的な環境問題を取り入れていた。例えば、原発には緊急炉心冷却装置（ＥＣＣＳ）というものがついている。「米国でこのＥＣＣＳの作動試験をしたら設計通りに動かず、それからというものシミュレーションでしか実験しなくなった」。こういったエピソードをふんだんに語っていた。だが、そのくだんの元教師でさえ、３・11後に、「まさか自分が生きている間に日本の原発で大事故が起きるとは思っていなかった」と感想をもらしていた。

あれから10年。東京電力福島原発の恩恵を最も受けていた都民を筆頭に国民の大部分に再び無関心が浸食、蔓延しだしている。事故直後は、東京で１平方メートル５０００ベクレルの放射性セシウムが検出されたといったニュースが大騒ぎになっていた。結局、ベクレルの意味もよく分からないまま、その程度の放射能が自分たちの生活に何の変化ももたらさない日常に慣れてしまった。故郷に戻るどころか、足を踏み入れることさえままならない人々を大量に生んでしまった現実などどこへやらだ。

■量的評価が重要

放射能とは放射性物質が放射線を出す能力のことだ。よく知っているグラムとかでなく、なぜベクレルなどという聞いたことがない単位が使われるのか。ベクレル以前は、ラジウム１グラムに相当する放射能を意味するキュリーという単位があった。１キュリーは約３７０億ベクレル。ラジウムたった１グラムがこれほどの放射能を持つのだ。もしも、天然の鉱物にごくわずかに含まれるラジウムを1グラム精製するとしたらとてつもなく大変だ。放射性物質というのは重さで見たら極めて微量であること。極めて微量な放射性物質から出る放射線でも非常に感度よく検出できることを覚えておいてほしい。

放射性物質の原子核が自然に壊れて別な原子核に変わるとき、放射線が出る。1ベクレルとは、1秒間に1個の原子核が壊れることを指す。ラジウム1グラムには27垓（垓は1兆の1億倍）個の原子が含まれる。1秒間にそのうちのごくわずか、約370億個の原子核が壊れて放射線を出す。1秒間にどれぐらいの比率で崩壊するかは放射性物質の種類によって違う。同じ元素でもセシウム134と137では全然違う。だから、放射能の強さは放射性物質の量ではなく、ベクレルで比べた方が比較しやすいのだ。

さて、放射性セシウムとプルトニウムではどちらの放射能が強いか。

「プルトニウムは何万年も放射線を出し続ける」「プルトニウムは人体への害が大きい」などとよく聞くため、プルトニウムの方が放射能が強いと勘違いしている人が多い。同じ重さで比べたら、放射性セシウムの方がケタ違いに強い。放射性物質が自然に崩壊して半分の量になるまでにかかる時間を半減期という。セシウム134は約2年、セシウム137は約30年。プルトニウム238は約88年。プルトニウム239は約2万4000年。1秒間に壊れる確率が高いほど多くの放射線を出し、速く量が減る。寿命が短いほど放射能が強い。

表２－１　放射性物質の種類と放射能の強さ

	放射性物質1億分の1グラムを吸入した場合の被曝線量				福島第一原発からの放出量	
					(3月11日から4日間)	
	ミリシーベルト	ベクレル	半減期		グラム	ベクレル
ポロニウム210	3700	167万	138日			
ヨウ素131	510	4600万	8日	ヨウ素131	35	16京
プルトニウム238	69	6300	87.7年	プルトニウム238	0.03	190億
セシウム134	4.6	48万	2.06年	セシウム134	380	1京8000兆
ストロンチウム90	1.5	5万	28.8年	ストロンチウム90	28	140兆
ラジウム226	0.81	370	1600年			
セシウム137	0.21	3万2000	30.1年	セシウム137	4700	1京5000兆
プルトニウム239	0.19	23	2万4100年	プルトニウム239	1.4	32億
トリチウム	0.065	360万	12.3年			
ウラン235	0.000005	0.00080	7億400万年			
(原子力資料情報室、原子力安全委員会の資料から)					(事故の政府報告書から)	

やはり、放射能の強さを比べるには、放射性物質の重さよりベクレルで見た方が便利だ。ただし、出る放射線のエネルギーや種類などが放射性物質によって違う。ベクレルだけでは放射線の強さや影響力は決まらないが、それでも大体のケタは分かる。

■トリチウムの放射能の強さ

表2-1は、放射性物質1億分の1グラムの放射能と吸入した時の内部被曝線量。トリチウムは、水の形で吸入した場合の値だ。放射能は半減期が短い順に大体並ぶが、トリチウムは原子1個が非常に軽いため、重さあたりでは大きい値になる。元素名の後ろに並ぶ数字「原子量」は原子1個の重さを表す。ちなみにトリチウムは3だから、同じ重さでセシウムやプルトニウムの数十倍の個数になる。

史上最強の毒物とも呼ばれるポロニウムはわずかこの量で、半数が死に至るとされる被曝量になる。亡命ロシア人がイギリスで暗殺されたときに使われた。プルトニウム２３８は放射能の割に人体に与える影響が大きい。同じ重さで数十倍の放射能になるセシウム１３４の10

倍以上だ。放射線の種類のほか、肺にとどまりやすいという特徴もあるため、低い放射能の割に被曝量が多くなる。

トリチウムは、プルトニウム238とは正反対で、重さあたりの放射能が大きい割に内部被曝線量はけた違いに低い。これはトリチウムが出す放射線の種類がベータ線（電子線）のみであることなどによる。トリチウムが放射性セシウムや放射性の重金属類に比べ、比較的環境や人体への影響が少ないとされるのはこのためだ。

事故直後、セシウムよりストロンチウムの方が危険といった見出しが躍った。だが、放射能や被曝線量の量的評価をして比べなければ無意味だ。事故で放出された総量を考えれば、極めて初期は放射性ヨウ素、その後は放射性セシウムによる影響が最も深刻なことが容易に分かる。

■除染とは何か

話が戻るが、原発はなぜ根源悪なのか。

それは、人類が放射性物質の放射能をきれいにする技術を持っていないからだ。SFの世界には、アニメブームの先駆けとされる「宇宙戦艦ヤマト」がある。ヤマトは、異星人の攻撃で放射能汚染された地球を救う放射能除去装置「コスモクリーナーD」を受け取るため、14万8000光年の旅に出る。自然に任せたら何万年もかかる放射能の減衰を人為的に速めるアイデアは半世紀も前からある。中性子線などの放射線を使って放射性物質を破壊するという方法だ。だが、かえって放射性物質を増やしてしまう可能性があり、完成にはほど遠い。

２０１３年にテレビ放映された宇宙戦艦ヤマトの新作リメイクでは３・11に配慮して放射能汚染の設定が消えた。人類はフィクションの世界ですらコスモクリーナーDを手に入れられなくなった。

３・11以後、除染という言葉がニュースなどでしょっちゅう登場した。除染には、まるで放射性物質による汚染をなくせるかのような語感がある。だが、そんな技術はない。

机の上でインクをこぼしたとしよう。布巾で拭けば机はきれいになる。汚れた布巾をバケツの水で洗えば、布巾はきれいになるが、水は汚れる。その水はきれいにせず、たぶん下水に流してしまうだろう。除染がやっていることもこれと同じで、放射性物質を移動させているだけだ。濃度は濃くなったり、薄くなったりするが、全体としての総量は時間の経過によって自然に崩壊するわずかな分量以外、決してなくならない。

だから、放射性廃棄物の処分法は基本的に次の３つぐらいしかない。非常に高濃度の物はコンクリートと金属で厳重に固めて地中深くに埋める。環境基準以下を満たす中程度のものは固めて護岸材料などにする。非常に薄い物はさらに薄めて大気中や海に放出する。

■トリチウム水は15グラム

核燃料が溶けて崩れた福島第一原発では、高濃度の放射性物質を地下水でずっと水洗いしているような状態が続いている。その汚染水から放射性物質をなるべく取り除いたのが処理水だ。放射性セシウムや放射性の重金属類は吸着などの方法で水から取り除く方法がある。だが、化学的性質が水そのものであるトリチウム水を取り除くことはほぼ不可能だ。

例えば、水とアルコールが半々に混じった溶液でも完全に分離するのは難しい。分離した水にもアルコールにもそれぞれがごくわずかずつは混ざってしまう。

そして、トリチウム水は最初からごくわずかなのだ。1リットルの処理水にトリチウム水が0・012マイクログラム（8万分の1ミリグラム）程度。トリチウムの半減期は12年とかなり短いので、その程度の量でも62万ベクレルの放射能になる。125万トンの処理水でもトリチウム水15グラム（分子量20のトリチウム水には原子量3のトリチウムが含まれているため、トリチウムは15グラムに20分の3をかけて2・2グラム）しか含まれていない計算なのだ。もし仮に水を蒸発させたとしたら、水と一緒にトリチウム水も蒸発してしまう。

トリチウムは水素と同じ原子番号1の放射性同位元素。原子炉内では、核分裂反応のほか、ホウ素や重水素（水素に0・015％含まれる）に中性子線という放射線が当たって吸収されることでも生じる。自然界の水素にもごくわずか含まれ、人体にも水の状態で存在する。原発からも水蒸気と一緒に大気中に放出されている。

■トリチウムだけという保証には疑問

もし、処理水にトリチウムのみが含まれるなら、海洋放出しても環境への影響はほぼないという科学者らの言い分は正しいだろう。だが、2018年、タンクにためられている処理水には基準値をはるかに超えるストロンチウム90などが残っていることが明らかになった。除去設備の不具合や吸着剤の交換間隔を延ばしていたことが原因だ。

このことで、1999年に起きた茨城県東海村の民間ウラン加工施設「ジェー・シー・オー」（JCO）東海事業所の臨界事故を思い出す。ウラニウム235は1カ所に集めて密度を高くすると、核分裂反応がドミノ倒しになって自発的に速く進む。その状態になるかならないかの境界線が臨界。原発に使うウラニウム燃料の加工作業では、臨界を起こさないように専用のタンクを使う。

だが、作業員たちは高濃度になったウラニウムを本来入れてはいけない容器「沈殿槽」で混ぜてしまった。県警の聴取に「早く仕事を終えたかった」と話したことからみて、時間短縮になると考えたのではないか。当時、安全人間工学の専門家・黒田勲さんにコメントを求めた。「作業員は臨界の意味をよく知らなかったのではないか」という。原発取材が長いベテランの記者は「そんなはずがないだろう」とあぜんとしていた。だが、のちに、やはり県警の聴取で作業員は臨界について「23年前に（会社に）入った直後に研修を1回受けただけで、意味がよく分かっていなかった」と話す。

原発関連施設であっても、原子力工学や核物理学に関する知識のない者が作業をすることは当たり前にある。さまざまな手順が何のためにそう決められているのか分からないままやっている。汚染された処理水（東電は2021年4月、処理途上水と呼称を変えた）を何回でも処理してストロンチウムなどを基準値以下にするというが、日常的に放出作業が続けられた場合、本当に確実なのか。はっきり言って信用できない。これまで原発や関連施設で何度も規則違反や手順違反が繰り返され、小さなトラブルやJCOのような大事故につながってきた。国民が常に関心を持ち続け、監視し続ける必要がある。

■東京湾に流す知事に1票を投じたい

そして、仮にトリチウム以外の放射性物質が限界まで取り除かれたとしても、海洋放出では風評被害の問題は避けようがない。よく説明すればというが、新型コロナウイルスと同じく「目に見えない害ある物」への恐怖は感情の産物だから、理性に訴えても効果は薄い。日常化すればやがて無関心が浸食するだろうが、それでも、福島の海への先入観は容易には消えないだろう。東京以外に帰る田舎のない自分にとって、初任地福島は第二の故郷だ。

海洋放出に関する新聞記事には、なぜ福島にだけ犠牲を押し付けるのか読者から疑問の声が寄せられる。「日本の領海ならどこでもいい」「基準値以下ならば河川でも」「時間と場所を限定せず、いろんなところで放出すれば風評被害は起こらない」などだ。

一理ある。輸送などコストが膨大だというのは反論にならない。東日本大震災復興予算のうち１兆円以上が被災地と関係の薄い目的に流用され、返還要求されたが、７割以上にあたる約８０００億円が返ってこないとされるのだから。

大阪府知事が大阪湾に流すことを真摯に検討すると公言している。どこまで本気なのか分からない。実現性がないと踏んだうえでのパフォーマンスかもしれない。

「総量規制をしつつ濃度を基準値以下に薄めて害を十分低く抑えたレベルにして放出したほうが安全」という科学者がいる。２０１９年、当時の原田義昭環境相は、「思い切って放出して希釈する以外にほかにあまり選択肢がない」「安全性科学性からすれば、これはどうもね、大丈夫なんだ」と記者会見で海洋放出への認識を語った。彼らも、自分の居住地や故郷、選挙区の住民を説得するべきだ。かつて、「原発に反対でないなら、東京に原発を誘致する運動に署名をお願いします」という逆説的言説が話題になった。もしも、東京湾に流すことを公約にする都知事候補がいたら都民の１人として１票を投じようと思う。

福島の処理水は「特別」なのか

井内千穂・フリージャーナリスト（元ジャパンタイムズ編集者）

東日本大震災から10年。東京電力福島第一原子力発電所では廃炉作業の一環として発生する膨大な水がタンクの中にたまり続けており、これをどうするかについての7年にわたる議論を経て、２０２１年4月13日、政府は処理水を海洋放出する方針を正式決定した。

処理水放出の科学的な安全性に対する懸念の声もあれば、処理水放出による風評被害への懸念の声もあるが、少なくとも事態の打開に向けて一歩を進めたと言えるのではないか。

これまで経済産業省に設置されたさまざまな有識者会議を中心に検討が重ねられてきた。２０１３年から２０１６年にかけて、「トリチウム水タスクフォース」で技術的観点からの議論がなされ、２０１６年からは「多核種除去設備処理水の取扱いに関する小委員会（ＡＬＰＳ小委員会）」が、科学的観点に加えて社会的観点からも議論を重ね、２０２０年2月に報告書を提示した。それから一年余り経って政府方針の正式表明に至ったところだ。

長い年月をかけて検討を重ねた結果としての海洋放出であるならば、その検討のプロセスや決断の理由を国内外の人々に知ってもらい、理解を得ていく必要がある。それが必ずしもうまくいっているとは言えない現状をどう乗り越えるかが今後の課題だ。

震災直後に汚染水の問題を聞いた頃から、私自身の受けとめ方にも変遷がある。少し振り返ってみよう。

■タンクが立ち並ぶ廃炉現場の憂鬱

私が初めて廃炉現場に入ったのは2017年の4月のことで、震災から既に6年経っていた。防護服を着る必要はなく手袋をはめるだけでよいというので拍子抜けしたが、壊れた原子炉建屋の実物が目の前に現れ、バス内で放射線量が跳ね上がるとさすがに緊張する。そして、バスはタンクが立ち並ぶエリアをゆるゆると通過した。

思い返せば恥ずかしいが、何かの媒体に書くための取材というつもりもなく、ただ、廃炉現場を自分の目で見てみたい一心で参加した見学ツアーだ。当時の自分の知識レベルでは、タンク内の水の詳細も「ALPS」という装置の意味もよくわからなかった。「凍土壁」「サブドレン」（巻末用語参照）などの耳慣れない専門用語満載の説明を消化しきれないまま、想像していたより片付いた構内で、企業名のゼッケンをつけた防護服姿の作業員の方々が行き交い粛々と作業が進められている様子と、林立するタンクにただ圧倒されていた。

こんなにたくさんのタンクにためた水をどうするのだろう?

説明を理解しきれなかった私には、タンクの中身が不気味だった。とりあえずためておくしかない水がこれからも毎日発生するという。そんな汚染水を膨大に抱え込みながら廃炉を進めるなんてことができるのか。確か、もっと水が漏れない溶接型のタンクを作って、当初のタンクから移し替えるという説明もあったように記憶している。何か絶望的な営みに聞こえた。

元々、私は科学記者でも環境ジャーナリストでもなく、震災当時は英字新聞社で文化寄りの記事を担当していた。原発のことなど、東日本大震災まではほとんど考えたこともない。やはり、福島第一原子力発電所の事故の衝撃は大きかった。事故そのものもさることながら、もう一つ衝撃だったのは、その後の反原発デモだ。ついこのあいだまで原子力発電の電気を使っていた都民が、もう原発は要らないと叫んでいる。そのテンションに疎外感を覚えたことから福島の状況に関心を持つようになった。

新聞社を辞めてから、福島へのバスツアーの企画に関わるなどの形で浜通り（福島県東部の太平洋岸沿いの地域）に足を運ぶようになり、そのご縁から、若い世代の研修旅行に同行する機会にも恵まれた。プレスツアーや、処理水問題についての公的な会議への取材などは経験していないので、いわば「蚊帳の外」の身ではあるが、浜通りの年々の変化を見たり、現地の人たちの話を聞いたり、無知をさらして恥をかいたりしては、あれこれ読みかじっているうちに、以前よりは分かることが増えてきたところである。

■福島の処理水は特別なのか？

２０１９年3月に東京の高校生たちの福島第一原子力発電所見学に同行し、２０１９年10月にはイギリスのセラフィールド原子力発電施設に近い湖水地方から来日した高校生たちの通訳という立場で、廃炉現場を再び訪ねる機会があった。訪ねるたびに敷地内のタンクが増えていく。あと2〜3年でスペースいっぱいになるという。

どうするの、これ？　と思いながら、その都度の説明を聞く。

とにかく、このタンクの水をどうにかしなければ、廃炉に必要なスペースが足りなくなるではないか。にもかかわらず続く閉塞状況に暗澹たる思いだった。

その頃になると、遅まきながら「ＡＬＰＳ」というのが「Advanced Liquid Processing System」の頭文字であることは知っていた。62種類の放射性物質を取り除くことができるという装置だ。この装置を使って浄化処理を行うことで「汚染水」は「処理水」になる。つまり、発電所内部から取り出したままの高濃度の汚染水ではなく、既に線量は大幅に下がっている。ただ、このＡＬＰＳを使ってもトリチウムという放射性物質だけは取り除けないという。

イギリスの高校生たちの研修（写真2-1）の折、福島第一原子力発電所見学からの帰路のバス内で引率の物理の先生が、「ＡＬＰＳでは取り除けないということだが、ほかにトリチウムを取り除く技術はないのか」と質問した。

写真 2-1　イギリスの高校生たちの福島での研修（写真撮影：井内千穂）

これに対し、東京電力の担当者は「遠心分離の原理を使ってトリチウムと水を分けることはまったく不可能というわけではないが、莫大に費用がかかる。そのようなことはどこの発電所もやっていない。世界中の原子力関連施設からトリチウムを含んだ水を海に流しているが、福島の処理水は特別なものと見なされているので、海に流すことには根強い反対の声がある」というような趣旨の回答をした。

私は咄嗟に「ウォーター・フロム・フクシマ・イズ・サムシング・スペシャル」と訳し、その拙劣さに我ながら恥じ入ったが、一同大きく頷いて納得した様子だった。「伝わったよね！」と言った東電担当者の安堵の笑顔が印象に残っている。

しかし、何が「特別」なのだろう？

■東京ドーム満杯分の水にヤクルト容器半分以下のトリチウム

実のところ、世界の原子力発電所や原子力関連施設からも常時トリチウムが発生しており、環境中に水や気体の形で放出されていることを、私はそれまで知らなかった。

たとえば、イギリスのセラフィールド再処理施設からは年間１６２４兆ベクレル（２０１５年）、フランスのラ・アーグ再処理施設からは実に年間１京３７７８兆ベクレル（２０１５年）のトリチウムが放出されている[(1)]という。福島第一原子力発電所の敷地内にあるすべてのトリチウム量は、事故を起こした建屋も含めて２０６９兆ベクレル[(2)]だというから、フランスのラ・アーグ再処理施設からはその６倍以上のトリチウムが一年間で放出されていることになる。

そもそもトリチウムというのは水素の同位体で、地球が誕生したときから環境のどこにでもある。そんなことを意識することなく何十年も生きてきた。福島の処理水のおかげで今ごろ学んだとは皮肉なものだ。宇宙から地球に降り注ぐ宇宙線が年間７京ベクレルというトリチウムを大気中に生成し[(3)]、かつての核実験で発生したトリチウムもまだ残っている中で、私たちは長寿社会を生きている。当然、人体にも取り込まれては排泄され、体内に常時トリチウムが存在している。いわばトリチウムと共存して生きている格好だ。

では、問題になっている福島第一原子力発電所でタンクの中にたまっている処理水の中には一体どれぐらいの量のトリチウムが存在するのだろうか。

ＡＬＰＳ小委員会の委員も務める東京大学大学院の開沼博准教授の表現によると、「東京ドームを満杯にするだけの処理水の中に」、「飲みかけのヤクルト（ほどの量のトリチウム）をこぼしたような[4]」ものだという。敷地内に約１０００基あるタンクに入っている処理水の総量125万立方メートルというのは、東京ドームの容積とほぼ同じだそうだ。膨大な量の水である。その水の中にトリチウムが何兆ベクレルと言われてもピンとこないし莫大な量を想像してしまうが、重量にして20グラム程度（ヤクルトは1本約60グラム）と聞くとイメージしやすい。「ヤクルト容器半分以下でも放射性物質はダメだ」という人もいるだろう。しかし、常時降り注ぐ宇宙線によって大気中に生成されたトリチウムが満遍なく存在するこの地球上で、世界中の原子力発電所からトリチウムが排出され続ける中で、福島の処理水を国際基準以下に希釈して放出することの是非を議論し続け、敷地内のタンクにため続けてきたのだ。

■処理水危険論と風評被害への懸念

これまでに読んだ文章や接する機会があった人々の主旨を総合すると、福島第一原子力発電所からの処理水の放出に対する反対意見には二種類ある。

一つは、福島の処理水そのものの科学的な安全性を問題にする「処理水危険論」の主張だ。ここには「トリチウムだけだと言っているが実際にはストロンチウムなど、ほかの放射性物質も含まれている。ＡＬＰＳで本当に大丈夫なのか」という疑念と、「トリチウムの放出で人体に影響がないと言い切れるのか」という懸念と、「放射性物質はどんなに微量でも有害である」という価値観が含まれる。

もう一つは、地元漁業関係者からの反対である。私は当初、漁業関係の方々も「処理水に含まれるトリチウムが実際に福島の魚に影響を及ぼすのではないか」と心配して反対しているのかと思っていたが、それは誤解だということが徐々にわかってきた。漁業関係者の多くは処理水について知識を持っており、むしろ、怖れているのは風評被害だ。

風評被害とは、福島県沖で獲れた魚は危険なのではないかと不安に思う消費者が買い控え、その消費者心理を踏まえた流通業者による取引拒否や価格の低下など経済的な影響が出ることを言う。

福島県沖では、２０１２年以来、漁獲量を絞りながら風評の影響を検証してきた「試験操業」が２０２１年3月に終了し、4月から本格操業に向けた移行期間に入ったばかりだ。当面は放射性物質検査を続け、安全性を消費者にアピールしながら、数年かけて震災前の水揚げ量や流通量回復を目指す中で、風評被害を避けたいという声には確かに切実なものがある。

日々のニュースを見る人々の反応を想像すると、

「福島第一原発にはタンクがあんなにたくさんある。汚染水をためているらしい。やっぱり廃炉ってうまくいかないみたいだな」

「敷地がタンクでいっぱいになったからと言って、汚染水を海に流すんだって？　けしからんことだ」

「壊れた原発のデブリに触れて汚染されたんだから、今まで流せなかったほど大変な水なのだろう」

「地元の漁業関係者も海に流すのは反対だと言っている。気の毒なことだ」

「そんな危ない水に汚染された魚を食べて大丈夫なのか？　食べないほうがいいかな。念のため」

いかにも買い控えしそうだ。これを踏まえて流通業者は行動し、漁業関係者に経済的被害が発生することになる。

思えば、私自身もこれまでさまざまな風評被害に加担してきた。O157食中毒事件のときはカイワレ大根を買うのをやめ、BSE騒動の折は輸入再開後も米国産牛肉を避けた。理由は単純だ。当時幼かった息子たちのためにも、不安な食品は避けたかった。そういう食品を抜きにしても日々の食事には困らない。生産者の立場から見ればひどい話だが、そもそも何を買い、何を買わないかは消費者の自由だろう。

■風評を少しでも抑えるためには

処理水危険論を奉じる人の価値観を変えるのはほとんど不可能だし、それを見聞きして不安になる人に「不安にならないで」と言うこともできない。しかし、多くの人が「実際のところ、どうなんだろう?」という心もとなさを抱えているのだとすれば、分かりやすい事実を何度も繰り返し提供し続けることで、漠然とした不安を和らげていくしかないように思われる。

どうすれば、福島の処理水は「特別」ではないと思えるだろうか。

確かに、事故を起こした原子炉の内部に残る燃料デブリを冷却し続けるために使われる水を含むと言われると怖しい。そんな汚染水を海に流すのは過去のどんな公害よりも罪であるように感じられるかもしれない。しかし、汚染水をそのまま流すわけではない。タンクの中にたまっているのは、ＡＬＰＳなど複数の浄化処理を経た処理水だ。ただ、現状１２５万トンのうち約7割には、トリチウム以外にも規制基準値以上の放射性物質が残っている。国や東電の説明によると、過去に発生した浄化装置の不具合や、処理量を優先した浄化処理などが原因だという。そこで、海洋放出する前にはもう一度ＡＬＰＳにかける二次処理がなされる。２０２１年4月13日の政府方針の決定と同日、今後は、「トリチウム以外の核種について、環境放出の際の規制基準を満たす水」のみを「ＡＬＰＳ処理水」と呼ぶという発表があった(5)。

さらに、政府の基本方針によると、ＡＬＰＳ処理水を海水で１００倍以上に希釈し、国の基準値である6万ベクレル／リットルの40分の1の1500ベクレル／リットルにトリチウムの濃度を薄めて放出する。量的にも、事故前の福島第1原子力発電所で設定していた年間トリチウム放出量の目安を下回るようにするという[6]。なお、1500ベクレル／リットルというのは、2015年以来、廃炉現場のサブドレン（巻末用語参照）などから既に海へ放出されているトリチウム水と同程度の濃度である。

本当にそうなのか。つまり、放出されるALPS処理水が国際基準に照らして人体や環境に影響がないレベルのトリチウムしか含まない状態であるかどうか、常にモニタリングして事実を公表する必要がある。

そして、トリチウムが宇宙線によって大気中で常に生成され、地球上のどこにでも存在するという事実、さらに、世界中の原子力関連施設から今このときにもトリチウムを含んだ水が排出されているという事実を知ってもらいたい。そういう世界で私たちは現に生きているのだ。そこにヤクルト容器半分より少ないトリチウムが含まれた東京ドーム満杯の水を少しずつ薄めて流そうとしていると言えば、感覚的に受け入れられるだろうか。

いやいや、トリチウムが一滴でも海に流されたら、金輪際、福島の魚は食べないと言うだろうか。

■処理水問題に関する国民的議論がない

そういう話だとは知らなかったという人が多いのではないだろうか。

２０１８年８月、ＡＬＰＳ小委員会が福島県富岡町で開いた公聴会で、福島県漁業協同組合連合会会長は、風評被害を懸念する理由として、国民のトリチウムに関する理解の欠如を挙げ、「広く国民へトリチウム発生のメカニズム、危険性を説明し、取り扱いに係る国民的議論を尽くしてほしい」と意見を表明した(7)。

確かに、国民的議論が尽くされているとは言い難い。多くの人々は無関心のまま、何かあると漠然とした不安から行動し、結果として風評被害に加担してしまう。私もそうだった。しかし、国民的議論って、どこでどうやってやればいいのだろう?

震災から10年が経ち、特にコロナ禍の昨今、日々の生活が大変な中、多くの人々にとって福島第一原発は意識の外にある。折々のニュースが流れるとき、タンクがいっぱいの映像を見ると憂鬱になるし、原発関連の記事は面倒くさくて読みたくないのもよくわかる。それでいて、もしもタンクの水が海に流されたというニュースを聞いたら福島の魚を買うのをなんとなく避けるかもしれない。多くの人々が無関心であればあるほど風評被害のリスクは大きくなり、その負担を福島の漁業関係者に負わせることになってしまう。

写真 2-2　2-3　京都の中学生の福島研修旅行（写真撮影：井内千穂）

■処理水の海洋放出を分かち合うことはできないか

ここで思い出すのは、２０２０年２月に同行した京都の中学生たちの福島研修旅行（写真２-２と２-３）での一場面だ。地元紙との対話の中で、一人の生徒が風評被害について質問した。

「福島の人たちは風評被害、ほかの地域の人たちが福島のことを危ないと思っていることに対してどのように思っているのでしょうか。国にどのような対策をしてほしいのか、また、自分たちが行っている対策はあるのか、などを教えてほしいです」

これに対し、ベテラン記者は食べ物の検査などを含めて率直かつ丁寧に説明した。難しい状況の中で地元の記者が科学的事実に基づき冷静に伝えている様子が伝わってくる。

一年前のことで、ちょうどＡＬＰＳ小委員会の報告書がまとまったところだった。その中では海洋放出と蒸発させる水蒸気放出が「現実的な選択肢」とされ、特に海洋放出は国内の原発で実績があるため「より確実に処分できる」と明記されている。

記者はそのことに触れつつ、福島の原発で発生した水だから福島の海に流すのが当然という感覚でよいのか？　少なくともそういう議論をしなくてはいけないのではないか？　と投げかけた。そうしないとまた風評被害が広がると。地元の中でもいろいろな見方がある。一つ一つの意見をきめ細かく拾い上げ、物事を決める議論を丁寧にしてほしい、そのことを意識して報じているという記者の姿勢がにじみ出た言葉に、生徒一同、熱心に聴き入っていた。

中学生たちと記者の真摯な対話を間近で聞いていて、私は考えさせられた。なるほど、仮に海洋放出が現実的で、より確実な選択肢だとしても、福島の水だから福島から流すと決めつけないで、議論する必要があるのではないか。例えば、タンカーで輸送して日本の他の海域に流すというやり方もあり得るのではないか。

国民的議論を少しでも促すために、象徴的な少量（例えばペットボトル１本）でもいいから、全国各地でＡＬＰＳ処理水の海洋放出を分かち合うセレモニーのような形も考えられるのではないか。

何らかの方法で、自分が住んでいる地域の近海の問題としてとらえることはできないものか。反対意見が噴出するリスクも当然ある。しかし、少なくとも福島の漁業関係者だけを被害者にすることは避けられるのではないか。そして、福島の魚だけ避ければ済む話だと思っていた人が、全国の海の幸が汚染されると思うか、それとも、ＡＬＰＳ処理水なら一滴増えても人体や環境には影響がないと思うか、自分の問題としてトリチウム水と向き合うきっかけになるのではないだろうか。

その意味で、２０１９年９月に大阪市長が、「処理水に関し、環境被害が生じないという国の確認を条件に、大阪湾での海洋放出に応じる考えを示した」というニュースは、政治の姿勢として心強かった。今般の政府方針発表と同日、大阪府知事も大阪湾での放出について、「政府から正式に要請があれば、真摯に検討していきたい」[8]と述べた。大阪湾での海洋放出の提案によって、関心を持つ人が増えれば、少しでも国民的議論につながるのではないか。反対意見もあってよい。京都の中学生たちのように、まっさらな気持ちで福島の人たちと話をすることはできないものだろうか。

■諸外国からの懸念にどう対応するか

そもそも日本は海に囲まれており、海は世界につながっている。２０２０年10月に日本政府が処理水の海洋放出の決定に向け最終調整に入った頃、隣国の韓国や中国から懸念が示され、２０２１年４月の政府方針発表直後には、韓国、中国、台湾などがこの決定を激しく批判している。

韓国政府は、これまでにも国際原子力機関（ＩＡＥＡ）の年次総会で、処理水の海洋放出は「地球全体の海洋環境に影響を及ぼす可能性のある国際問題だ」と強調しており、今般の日本政府の決定は「周辺国の安全と海洋環境への危険を招くだけでなく、日本に最も近い隣国である韓国との十分な協議や了解もなく行われた一方的な措置」であり「絶対に容認できない」と強く批判した。

また、中国外務省は２０２０年10月の記者会見で「周辺国と十分に協議して慎重に決めてほしい」と述べて中国への事前の説明と情報の提供を求めており、今般の決定について、「国内外の反対を顧みず、周辺国家や国際社会と十分な相談もないまま一方的に決めたのは、極めて無責任だ」「海は日本のごみ箱ではない。太平洋は日本の下水道ではない」と非難した。

なお、世界中の原子力施設同様、中国や韓国の原子力発電所も日常的にトリチウムを含む水を環境に放出している。たとえば、韓国の月城原子力発電所から年間約１４３兆ベクレル（２０１６年）、古里原子力発電所からは年間62兆ベクレル（２０１６年）のトリチウムが環境に放出されている(9)という。やはり、福島の処理水は特別なものと受け止められている感があり、場合によっては国際問題に発展しかねない。

このような場合の外交上の対応などについては何も言えないが、一国民の立場としては、ここは愚直なまでに厳格で透明なやり方で情報を公開し、福島のＡＬＰＳ処理水が決して「特別」

なものではないことを、世界に向けて説明してほしいと思う。少なくとも日本が国際的に孤立することは避けてもらいたい。

■国際的に孤立しないためには

国際原子力機関（IAEA）は、日本政府が処理水の処分方法を決定した場合、地元や周辺国の懸念の声などに対応するため協力していく考えを繰り返し示してきた。

今般、日本政府の決定を受けて、IAEAのグロッシ事務局長は「福島第一の廃止措置に向けて重要なステップである」と歓迎し、「日本の要請に際して、IAEAは、（日本の）計画の安全性と透明性の実行をレビューする技術的支援を提供する準備ができている」と表明した[10]。2021年4月14日に行われた梶山経済産業大臣とのオンライン会議では、グロッシ事務局長は、「IAEAは日本と協働し、（放射性物質を監視する）環境モニタリングや国際社会への発信で積極的に協力する」と述べ、IAEAの調査団の派遣を含め、今後の協力に向けた準備を加速化させていく意向を示した[11]。

その数日後には、韓国外相が「IAEAの基準に適合する手続きに従うなら、あえて反対するものではない」と述べたというニュースが流れた[12]。

ALPS処理水の安全性について、IAEAのお墨付きも得たデータを国内外に伝える際には、当然ながら日本語だけでなく、英語による発信が必要である。東電や経産省のHP内の英文ページだけでなく、国内の英文媒体や海外メディアからの発信にも期待したいところだ。

コロナ禍の影響もあり、海外からの取材どころか、国内でも現地取材には制約があるが、前職の英字新聞を見ると、最近の動向について、通信社の配信記事も活用しつつ、処理水に関する風評被害の問題を伝える記事[13]や諸外国の懸念に対する反論[14]の掲載、そして、日本政府の海洋放出の方針決定のニュース[15]と、それに対する米中韓各国の反応[16]を伝えるなど、バランスの取れた冷静な報道ぶりがうかがえる。

また、例えばＢＢＣのウェブサイト[17]、ニューヨークタイムズ[18]やウォールストリートジャーナル[19]のオンライン版には、２０２１年４月13日の日本政府の海洋放出方針決定のニュースが掲載され、国内外の支持と反発も併せて報じている。

放射性物質については国際的にもさまざまな立場が存在するので、議論が分かれることは当然あり得る。重要なのは、福島第一原子力発電所の廃炉現場からから放出されようとしているＡＬＰＳ処理水が、世界中の原子力関連施設から既に放出されているトリチウム水と比べて決して「特別」なものではないと繰り返し伝えてもらうことではないか。併せて、世界各国の原子力関連施設から放出されているトリチウムの量や濃度などのデータを一般読者の目に触れる形で伝えてもらいたい。

そして、2年後をめどに開始されるという海洋放出の実施にあたっては、ALPS処理水が実際に国際基準よりもはるかに低い濃度に希釈されて少しずつ放出されていることを広く海外に伝えてもらうために、ぜひ、IAEAの協力によるモニタリング状況やALPS処理水のデータを、中国や韓国も含めた海外メディアにも公開してもらいたい。

また、コロナ禍の収束が不透明な中ではあるが、状況が許すようになれば海外メディア向けに廃炉現場や浜通りへのプレスツアーなどの取材の機会を増やし、現状をありのままに伝えてもらいたいものだ。

■廃炉のゴールと日々の暮らし

2017年に初めて廃炉現場を見学したとき、「遠隔操作のロボットでデブリを取り出すのはいいが、取り出した後のデブリはどうするのか」と素朴な疑問を投げかけてみると、東電の担当者はこう答えた。

「それはデブリを取り出してみて、どういう状態の物質であるかを精査してみなければわからないので、まだ何も決まっていません」

また、2019年3月に東京の高校生たちが廃炉現場を見学(写真2-4)に訪れた折、質疑応答の中で生徒の一人から「廃炉が完成するとはどういう状態のことですか?」という質問が

写真 2-4　福島第一原子力発電所見学に先立ち、廃炉資料館を訪ねた東京の高校生たち（撮影：井内千穂）

出た。これに対して、福島第一廃炉推進カンパニーの担当者はこう語った。

「きれいな状態にするのは東京電力の責任ですが、最後の姿というのは人によってイメージが違うのではないでしょうか。それは我々の世代で決めることなのでしょうか。場合によっては、みなさんの世代で決めてもらうことなのでしょうか。時間的なことも考えながら決めていくべきであると思います。我々としては、まずは、デブリや使用済み燃料を取り出して安全な状態で保管することを目指して作業を進めていきます」

これらの回答は、事故を起こしてしまい、廃炉に懸命に取り組んでいる東京電力の立場として、精いっぱい誠実で慎重な答え方なのだろう。しかし、これではどこに向かっているのかゴールが見えないと思った。実際、廃炉の終わりの姿はまだ確定していない。高校生たちにはどう聞こえただろう。確かに、デブリの取り出しとその保管は途方もない難題で、やってみなければわからないことばかりが続く。その先のことは、一体誰が、どうやって決めればいいのか？

一方で、福島にも東京にも、世界のどこでも、日々の暮らしがある。折しもコロナ禍に覆われた世界だが、何とかして、より良い日々を送るために誰もが奮闘しているのは同じではないか。かつて、福島第一原子力発電所も、より良い日々のために造られたはずだと思う。

廃炉作業の間、デブリを冷やし続ける必要があり、処理水は発生し続ける。原発事故の後始末と日々の暮らしが絡まるところにあるという意味では、確かに、福島の処理水は「特別」なのかもしれない。人それぞれの処理水のとらえ方を尊重しつつ、これからの困難な廃炉作業と日々の暮らしをいかに両立していけるか、繰り返し「そもそも論」に立ち返るのも厭わず、話し合いを続けていくことを願う。将来の世代とともに。

【参考文献】

(1)多核種除去設備等処理水の取扱いに関する小委員会 報告書 p21 図6「国内外の原子力施設からのトリチウムの年間放出量について」

(2)第16回 多核種除去設備等処理水の取扱いに関する小委員会 資料3「多核種除去設備等処理水の貯蔵・処分のケーススタディ」p1

(3)多核種除去設備等処理水の取扱いに関する小委員会 報告書 p15トリチウムの科学的性質について

(4)２０２１年1月28日付電気新聞ウェーブ時評「処理水、必要なモノサシ」(開沼博)

(5)東京電力福島第一原子力発電所における ALPS 処理水の定義を変更しました
https://www.meti.go.jp/press/2021/04/20210413001/20210413001.html

(6)東京電力ホールディングス株式会社福島第一原子力発電所における多核種除去設備等処理水の処分に関する基本方針
https://www.meti.go.jp/earthquake/nuclear/hairo_osensui/alps_policy.pdf

(7)２０１８年10月1日ＳＹＮＯＤＯＳ「漁業関係者が「処理水」の海洋放出に反対せざるをえない理由」
https://synodos.jp/fukushima_report/22209

(8)吉村知事、原発の処理水の大阪湾放出を「真摯に検討」
https://www.asahi.com/articles/ASP4F5FQWP4FPTIL020.html

(9)多核種除去設備等処理水の取扱いに関する小委員会　報告書 p21 図6国内外の原子力施設からのトリチウムの年間放出

量について

(10) ＩＡＥＡ グロッシー事務局長によるビデオメッセージ（仮訳）
https://www.meti.go.jp/press/2021/04/20210414004/20210414004-1.pdf

(11) ＩＡＥＡ、処理水放出で協力　事務局長が経産相と電話協議
https://www.nikkei.com/article/DGXZQODF144OI0U1A410C2000000/

(12) 処理水「ＩＡＥＡ基準に従うならあえて反対せず」韓国外相
https://www3.nhk.or.jp/news/html/20210419/k10012984241000.html

(13) Eight years after triple nuclear meltdown, Fukushima No. 1's water woes show no signs of ebbing
https://www.japantimes.co.jp/news/2019/03/07/national/eight-years-triple-meltdown-fukushima-no-1s-water-woes-slow-recede/

(14) Why South Korea is wrong about Fukushima tritium (Commentary by Tomio Kawata)
https://www.japantimes.co.jp/opinion/2019/11/15/commentary/japan-commentary/south-korea-wrong-fukushima-tritium/

(15) Government OKs discharge of Fukushima nuclear plant water into sea
https://www.japantimes.co.jp/news/2021/04/13/national/fukushima-water-release/

(16) Japan's neighbors react strongly to Fukushima water release decision

https://www.japantimes.co.jp/news/2021/04/13/national/fukushima-water-reactions/

(17) Fukushima: Japan approves releasing wastewater into ocean

https://www.bbc.com/news/world-asia-56728068

(18) Fukushima Wastewater Will Be Released Into the Ocean, Japan Says

https://www.nytimes.com/2021/04/13/world/asia/japan-fukushima-wastewater-ocean.html

Japan、s Plan for Fukushima Wastewater Meets a Wall of Mistrust in Asia

https://www.nytimes.com/2021/04/13/world/asia/japan-fukushima-nuclear-wastewater.html

(19) Japan to Release Low-Radiation Fukushima Water Into Ocean

https://www.wsj.com/articles/japan-to-release-low-radiation-fukushima-water-into-ocean-11618275744

第3章

海洋放出をめぐるリスクコミュニケーション

よき理解者を得るための「納得」の構造とは

秋津裕・エネルギーリテラシー研究所

放射線被ばくと新型コロナウイルス（以下、コロナ）感染は、一見、関係なさそうに見えるが、実はいくつかの共通点がある。それは何か。また、人はどのように情報を伝えれば、腑に落ちるのか。

私がこれまで行ってきた放射線教育経験をもとに、トリチウム水問題の解決につながるリスクコミュニケーションのあり方を考えてみたい。

■見えない恐怖再び

２０１１年3月11日の未曾有の原子力災害、大規模放射能汚染から10年の節目を迎えるにあたり、多くの教訓に心を向け、次世代へつなごうとさまざまな企画が準備されている矢先に、わが国は2度目の「見えない恐怖」と対峙することとなった。

国内初のコロナの感染者が確認されたのは２０２０年1月のことだ。中国湖北省武漢に渡航していた中国籍の男性（30代）が日本へ帰国後に発症が確認された（1月16日）。この1年間、東京五輪・パラリンピックが延期になり、数々の大会、イベントが中止となった。

２０２０年7月末、ＷＨＯは「パンデミック加速」の認識を示した最中、わが国は「感染防止と社会経済活動の段階的な再開の両立」をねらいとして、「Go To キャンペーン」をスタートさせた。人々は再会し、これまでの互いの外出自粛をねぎらった。４カ月後、感染拡大の懸念は現実のものとなり、北海道や東京都、大阪府、兵庫県、高知県は医療提供体制が機能不全となるおそれがあるステージ４に突入した。

政府は、年末から「Go To トラベル」を全国一斉に運用停止へと踏み切ったが、その決定のわずか10日後に国内の空港検疫でイギリスのコロナ変異ウイルス感染者５人が確認され、さらに首都圏の感染拡大に歯止めがかからず、いよいよ2度目の緊急事態宣言発出を余儀なくさせられた。

この事態を早急に収束させるためには、政府分科会尾身茂会長の言葉を借りれば、「個人努力だけに頼るステージは過ぎた。すべての国民が同じ危機感を共有することが重要[(1)]」であり、私たち一人ひとりに科学的知見に基づく賢明な判断と行動変容を促す政策が強く求められた。

当初、専門家の知見に基づいた提言によって施策を打ち出していると見受けられた。ほどなくして、政府主導が色濃くなってくると、徹底した感染封じ込めよりも経済を回すことに注力。結果的に第3波の感染拡大を招くことになった。そして今、1年延期したオリンピック聖火リレー只中において、日本列島は第4波に飲み込まれようとしている。

その時々で最適解が下されていると思いたいが、政府主導が強調されると事態が今一つ好転しない……。10年前の東京電力福島第一原子力発電所（以下、福島原発）事故と重なった。

■放射線被ばくとコロナ感染

放射線被ばくとコロナ感染。この二つの「見えない恐怖」にはいくつかの共通点がある。それは、

①健康にかかわること。

②いつ身体に影響を受けたか気づかないこと（受動的）。

③場合によっては死に至ること。

④いつまでこの事態が続くのか見通せないこと（統制不能）。

さらに言えば、

⑤人は未知のものに対して過大評価すること。

も類似している。また、

⑥身を守る方法も似ている。

放射線は「遮蔽・距離・時間」の防護三原則によって放射線源から距離をおくことで不要な

被ばくを防ぐことができる。コロナも「密集・密接・密閉」の三密を避け、「マスクの着用」「手洗い・咳エチケット」によって、ウイルスを含んだエアロゾルを遠ざけることで感染確率を低減することができる。被ばく対策で学んだことをコロナ対策へも応用できることは多くの人が感じているところだろう。

一方、放射線は測定器や個人線量計でモニタリングすることで、ある程度被ばく線量評価が可能であるため防護対策を計画しやすいのだが、ウイルスは空気中に存在していても検出することはできないので、人への感染状況を見ながら対策を判断するしかないのだそうだ(2)。また、福島県の一部区域は住民が帰還できないほどに汚染されたが、放射性物質（主にセシウム137）が半減期を迎えるごとに放射線量が減衰し、やがて放射線は検出できなくなるのだが、コロナは恐らく地上から完全になくなることはなく、人類は共存を覚悟していかなければならないだろう。

そして、コロナと放射線が決定的に違うと筆者が思うのは、前者は毎年流行するインフルエンザをベースに考えれば、多くの人が感染や防疫イメージを自身に引き寄せて考えることができるのに対し、後者は広島・長崎の原爆以外にほとんど知識を持ち合わせないところに、滅多に起きない原子力災害をきっかけに注目され、圧倒的な負のイメージの刷り込みに支配されてしまったことだ。

■ALPS処理水処分決定、その次は？

福島原発事故後、原子炉内部には溶けて固まった燃料デブリがある。これを水で冷やして維持しているが、高濃度のセシウムやストロンチウムに触れるため、その水は「汚染水」となって原子炉建屋内に滞留する。そこに地下水や雨水が破損した構造物をつたって流れ込むことにより、さらなる汚染水が発生する。

そこで福島原発は3つの対策―①汚染源を取り除く、②汚染源に水を近づけない、③汚染水を漏らさない―に取り組むことで汚染水によるリスクを着実に低減させ、ALPS（多核種除去設備）によって主要核種除去もやり遂げた。現在は、大気中の水蒸気、雨水、海水、水道水といった自然界の水や人の体内にも存在する弱い放射線を出すトリチウムを含んだ「ALPS処理水」を、サイト内に設置されたタンクに貯蔵してきたが、増え続けるタンクは敷地を占領し廃炉作業を進める上で大きな妨げとなる。

この処分について、2016年から「多核種除去設備等処理水の取扱いに関する小委員会」で審議が始まり、17回にわたって行政、事業者、研究者による議論が行われた。トリチウムは水と同じ性質を持ち、健康影響はセシウム137の約700分の1。これまでも世界の原子力発電所が基準値内のトリチウムを河川や海へ排出しているし、そのことで人や特定の生物濃縮は確認されていない[3]。したがって、小委員会はいくつかの方法を検討した結果、ALPS処理水が基準値を満たすまで二次処理を行ったのち海洋放出・水蒸気放出することが確実に実施できる方法と最終報告した（２０２０年2月10日）。

そして、２０２１年4月13日、菅総理は2年後をめどにＡＬＰＳ処理水を国内の規制基準の40分の1、ＷＨＯが定める飲料水の基準の７分の１までに希釈して海洋放出する政府方針を決定した。いよいよ……と胸をなでおろす一方で、国内外の風評被害と向き合うことは想像に難くない。

菅総理は就任後初めて福島県を訪問して、「福島の復興なくして東北の復興なし、東北の復興なくして日本の再生なし」と述べ（２０２０年9月26日）、今般の海洋放出決定については、政府が前面に立って処理水の安全性確保と風評払拭に向けてあらゆる対策を行うことを約束した。

多くの人が科学的データや客観的な情報に目を向けず、自らが信じる都合のよい風評だけを見つめれば、世界基準以下に定めた厳しい基準といえども無いにも等しくなってしまう。都合のよい風評は、人々が放射線に対して潜在的に抱える不安の種に水を注ぐこととなり、これが根を張り芽吹き、顕在化した不安となってありもしない姿を見つめることとなる。いったんこのようなことが蔓延してしまうと、誰も望まないところへ福島県やその産物を遠ざけることとなるだろう。

風評被害払拭は当然にマスメディアに拠るところが大きい。マスメディアの役割を考えれば、政策批判もやむを得ないが、人々を不安にさせ、世の中を混乱させることよりも、国の再生をめざす方向へ世論を形成していく立役者となるべきと考える。

もちろん、SNS、勉強会、対話会、海外発信、直売会、オンラインショッピングといった小委員会が考えるあらゆるコミュニケーションを駆使することも重要である。情報を正確に伝え続け、客観的安全性を提示し続け、怯むことなく継続的に発信し続けることで、この国に生きる多くの人々が、ALPS処理水問題を知り関心を持ち、懸命な態度を示すまで取り組み続けることに尽きる。

その実現のためにはどのような物語が求められるのだろうか。

目まぐるしく戦況が変わるラグビーでは瞬時の判断が求められ、すべてのプレーが完璧に意思統一された姿を「On the same page」―同じ絵（ページ）の上にいる―と言うそうだ。ALPS処理水処分に伴う放射線の風評被害払拭のOn the same pageには、当然に放射線教育による国民の放射線リテラシー醸成も含まれているはずだ。

■放射線リテラシーとは(4)

まず、リテラシーとは何か。

リテラシーとは単に知識を指すのではない。リテラシーは書字文化による共通教養であり、

写真3-1(左)と写真3-2(右)　放射線出前授業

教育によって育成される社会的自立の基礎となる公共的教養を意味する[5]。これを放射線リテラシーで表すと、放射線に関する課題を社会の中で広く議論するための能力であり、そのために必要な知識や情報を適切に選択、判断し、課題が社会・経済発展のつながりの中で成り立っていることを理解して、関心を持って次の決断、行動へと結びつけていく能力、と言うことができる。そしてこの問題に関わるすべての人が備えるものとして教育によって培われる公共的教養であると言える。

■放射線教育再開の10年

事故当時、自然放射線の存在も知らず、放射線、放射能、放射性物質の言葉の区別もつかなかった人々にとって、見えない放射線がどれほどの恐怖であったかは筆舌に尽くしがたい。

２０１１年秋、文部科学省は小中高等学校の児童生徒へ向けて放射線出前授業を開始した。これは２０２０年春まで続き、筆者も出講の機会を与えられた（写真3-1と3-2）。30年間途絶えていた放射線教育が復活したのは原子力災害が契機と誤解されがちだが、そうではない。

２００８年、中央教育審議会は、持続可能な社会構築の観点からエネルギー問題を環境教育の中で重要な内容として明確に位置付けた。そして、新学習指導要領告示で、原子力、放射線を含むエネルギー、資源、環境に関する内容を拡充し、２０１２年度から中学3年生を対象に「科学技術と人間」「エネルギー資源」の項目の中で「放射線の性質と利用」にも触れることを定めた。

奇しくも、放射線教育の再開へ向けた準備期間中に原子力災害が起きたことは本単元の後押しとなり、教科書が改訂されるたびに放射線の基礎知識、原子力災害、そして福島県復興に関する内容が充実していった。

一方、原子力事故被災地となった福島県の教育委員会は、発災年度から日本初の県版『放射線等に関する指導資料』『放射線教育学習教材（動画教材）』そして、『放射線教育・防災教育実践』とタイトルを改めて、指導資料や事例集などを作成し、今日まで教育実践を積み重ねてきている。筆者の初等教育向けの放射線教育コンテンツも動画制作に活用いただいた。これらは福島県教育委員会のホームページで公開されているので誰でも見ることができる。

福島県は机上の学びだけでなく、児童生徒の生活の中で放射線や被ばく、モニタリング、復興事業等について知る機会がある。例えば、除染作業や農産物など、学校給食の放射性物質モニタリング、環境放射線モニタリング、甲状腺検査、そして、福島原発の廃炉に向けた取り組みなどがそれである。

また、県民が放射線や環境問題を身近な視点から理解し、環境の回復と創造への意識を深めていくことを目的とした施設として、三春町に福島県環境創造センター（愛称：コミュタン福島）が開所した。施設の様々な工夫が児童生徒の体験的学習を助け、放射線や福島の環境の現状について学ぶことができる（以上[6]、より）。彼らには、教育と体験を通じて知識、関心を高め、自らの言葉で福島県の汚染状況や、放射線や被ばく、自身の健康、廃炉、復興事業等について発信できる人財となることが期待される。

また、教育に期待されるのは次世代の育成だけではない。児童生徒の学びが、放射線を学びそびれた世代、誤った理解のまま止まってしまっている世代への波及効果も含まれている。

福島県ではこの10年間で子供から大人まで、「放射線リテラシー」の醸成が図られたと筆者は期待している。福島で生きる人たちにとって放射線を知ることは、自らの状況を知り、他者へも正しく伝えられ、そして自信をもってこの地で生き抜くために必須の公共的教養を身につけることとなる。

■立ちはだかる風評被害―放射線早期教育のすすめ

しかし、残念ながら、このような被災地の自助努力に対して慢性的に立ちはだかっているのが、放射線をよく知らない人たちによる風評被害である。

風評被害は単なる「うわさ」ではない。不正確であったり誇張されたりした情報が、報道やうわさで伝えられ広まったことで「当事者たちの受ける損害と一連の被害の事象」を言うのだ。つまり、社会・経済発展のつながりを断ち切り、途方もない損害、痛みを生じさせる大罪であるにもかかわらず、これを取り締まる術も罰則もない。風評伝播者たちは、例外を除いて、意図して誰かを貶めるつもりはないだろうし、むしろ正義感でもって流布するのだからこのような状態に打つ手はなく、風評被害者らの自助努力だけでは到底太刀打ちできない。空気が流れ去るのを耐えて待つしかなく、悲しく悔しく辛い時間だ。

その一例が食品の買い控えだった。

福島県産の購入をためらう人は減少傾向にあるとはいえ、現在でも8%ほどおり、東北全域、北関東、被災地のなかで最もポイントが高い(7)。したがって風評被害の問題は、事故被災地だけが放射線リテラシーを備えているだけでは十分ではないことが分かる。冒頭の尾身会長の言葉になぞらえると、「福島の努力だけに頼るのでは〝風評被害〟は払拭できない。すべての国民が一定水準の〝放射線リテラシー〟を共有することが重要」なのである。

写真3-3(左)と写真3-4(上)　表紙と中身

筆者は、放射線教育は、刷り込まれた負のイメージが未だない幼少期から始めることを震災前から提唱し実践を行ってきた。そのための教材としてペープサート（紙人形劇）、絵本、紙芝居を制作した。

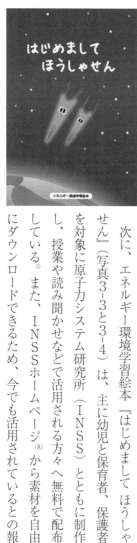

ペープサートは幼稚園・保育園で実践し、子供たちに放射線という言葉をまず知ってもらい、なんでも多すぎたら危険であることを伝えてきた。福島県をはじめ、要請があれば全国へ出向いた。子供たちの様子を保育者や保護者、自治体、教育委員会の方々にも見てもらうことで、大人への放射線の基礎知識を同時に伝えることに努めた。

次に、エネルギー環境学習絵本『はじめまして　ほうしゃせん』（写真3-3と3-4）は、主に幼児と保育者、保護者を対象に原子力システム研究所（ＩＮＳＳ）とともに制作し、授業や読み聞かせなどで活用される方々へ無料で配布している。また、ＩＮＳＳホームページ[8]から素材を自由にダウンロードできるため、今でも活用されているとの報告をいただいている。さらに、この絵本は多言語展開プロジェクト(9)によって、各国有志の手で英語、フランス語、タイ語に翻訳され、前出ホームページに公開されている。

そして、環境省の「平成30年度放射線健康管理・健康不安対策事業」で放射線リスクコミュニケーション相談員支援センターとともに紙芝居を制作した。対象は初等教育のうち特に低学年としている。紙芝居は三部作で、「放射線の基礎知識」「原子力災害、量の概念と被ばくから身を守る方法」「放射線のからだへの影響」で構成されている。これらは福島県内で活用されていると聞いている(10)。

学校教育の中での放射線教育は30年ぶりに再開したと前述したが、１９５０年代後半から始まった原子力教育の陰で、放射線がリスクとして負のイメージのみで語り続けられてきた20年間と合わせれば、半世紀もの間、科学技術としての放射線が教えられることなくきてしまったのだ(11)。

教育は人づくり、人づくりは国づくりである。

平和教育と同様に、放射線教育も誰もが繰り返し学ぶ機会を設け、国を挙げて一定水準以上の放射線リテラシーの醸成が図られることを切に願っている。

■正当にこわがることの意味

リスクコミュニケーションでは、しばしば物理学者・随筆家で著名な寺田寅彦の言葉がもちいられる。それは、寺田のエッセイ『小爆発二件』（岩波文庫・寺田寅彦随筆集第五巻）に登場する。浅間山から下山してきた学生が噴火のようすを「なになんでもないですよ、大丈夫ですよ」と言ったのに対し、駅員は、おごそかな表情で静かに首を左右に振りながら「いや、そうでないです、そうでないです。――いやどうもありがとう」と返した。このやり取りを見て寺田は、「ものをこわがらなさ過ぎたり、こわがり過ぎたりするのはやさしいが、正当にこわがることはなかなかむつかしい」と著した。

京都大学防災研究所の矢守教授の解説によると、これは、おごそかな表情がキーポイントで、ここで述べられた「正当に」は、科学的なモノサシの「正しさ」を指しているのではなく、自然へ畏敬の念をもって接することの「正当性」や「権利」と解釈するべき[12]、とある。

なるほど放射線で考えてみると、放射線も地球誕生の遥か昔から存在し宇宙や自然の一部を構成している。人類がそのことを発見してから130年足らず。その間、われわれは放射線のリスクと有用性のバランスを取りながら様々な分野の発展を遂げてきた。しかし、それらの成果は何気なく日々を送っている限りほとんど知ることはない。

したがって、放射能汚染の多寡にかかわらず、原子力災害によって恐怖と風評に打ちのめされた人心のあり様が、「正当にこわがることを尊重される権利」であるとみると、放射線リスクコミュニケーションが難しいゆえんがここにもあるように思う。

■納得の構造

むすびにあたり、筆者が学位論文執筆で出会った本を紹介したい。

渡辺雅子著『納得の構造—日米初等教育に見る思考表現のスタイル[13]』は、著者が「語る順番」に着目し、10年にわたって実験・観察を行った思考表現比較の知見を博士論文に著したうちの一部をまとめたものである。

人はどのように伝えれば「納得」、すなわち腑に落ちるのだろうか。

本書はその手掛かりを、日米の文化や宗教、世界観といった包括的な概念で括ることに頼らず、観察と比較が可能な叙述表現の「順番」を、日米の小学校児童が書く文章と、初等教育の作文教育と歴史教育における教師の授業スタイルで比較することで、それぞれの「納得の構造」に迫った。詳しくは本書を手に取って頂きたいが少しだけ紹介しよう。

日本の作文指導は、技法よりも子供の心のありのままに「子供らしく」表現することに力点が置かれ、さまざまな立場の人が「どのように」感じたのかを、その状況と過程を理解する大切さを強調している。また、歴史教育でも、人物を中心に時系列的に出来事を追いながら「どのように」を重視して歴史を把握し、問題を構成する要素に「共感」しながら理解を深め、時間をかけて児童らの共通理解を内面化していく指導が行われていた。

一方、アメリカのエッセイ指導は、冒頭に主題が設定され、「なぜ」を問う分析的な提示によって「なぜならば」と論理的に展開し、最後にもう一度主張を述べて結論とするフォーマットを小学1年生で習う。その後、様々なジャンルの文章様式を習い、課題に最適な様式を選択して書くといった古代ギリシャから引き継がれてきた古典作文教育法でトレーニングする。その過程で新たな発想や視点を生み出す「創造性」を培うことをめざしていた。そして、このスキルは高校・大学まで評価対象となる。また、歴史教育では、児童はまず「何が起こったのか」を知り、次に教師が「なぜ起こったのか」を問う因果律が基本的な思考構造となっていた。そこで扱うのは情報であり、歴史の長い時間を「原因」と「結果」に明確に分けて分析することを繰り返し行っていた。

■思考構造が社会をつくる

日々の学校生活の中で教師が頻繁にもちいる言葉や問いかけ、評価基準などは、初等教育から子供の社会化に強く影響し、子供たちの認知から行動に至るプロセスを方向付け、それぞれの社会規範が望む思考構造へと練り上げられていく。

アメリカの分析的で効率的な表現は市場経済の中では優位に働く重要な能力であるのに対して、日本の「共感しながら時間をかけて共通理解を内面化する」方法は、「集団としてある一定方向へまとまりやすくなる」とある。

コロナ対策で都市ロックダウンをせずに致命的な感染拡大をぎりぎりで踏みとどまっている日本は、こういった思考構造に支えられていると考えられないだろうか。時に空気を読み、異論を排除し同調する一体感は、人々を後押しするパワーにもなれば、逆にどん底へ突き落とすこともする。幼少期から繰り返し求められてきた叙述表現によって構築された思考構造による納得の結果、と言えるのかもしれない。

このように「問題を構成する要素に共感し共通理解を重視」した教育を受けてきた私たちにとって、ALPS処理水処分問題は、地元の漁業者らの不安に共感するほうが、これまでわれわれが培ってきた思考構造にフィットしやすいのである。したがって、たとえ科学的で論理的な説明を理解できたとしても、集団として受容しやすい一方向へ向いてしまうことは必然と言わざるを得ない。

もちろんこの先、子供の「共感力」のあり様が変化していったとき、「まとまりやすさ」にも影響が出てくることも予想できる。本書は、著者がフランスやASEAN9カ国で行った調査・観察も時折交えて考察しており、日本人の思考構造の基盤を考えていくうえで様々な問題提起をしている。

２０２１年に始まった大学入学共通テストには記述式問題が導入された。そのねらいは、「自らの力で考えをまとめたり、相手が理解できるよう根拠に基づいて論述したりする思考力・判断力・表現力を評価する」ことにあり、高校・大学は、急速な社会構造の変革に対応するために新たな価値を創造していく能力育成を目指すとある。

生徒・学生の中には、やがてそれぞれの持ち場で社会をけん引していくリーダーとなる者もいるだろう。彼らに求められるものは、社会全体の課題に対してその時々の解を導くためのコンセンサスを作り上げる能力である。それは、「相手を心から納得させることによって、こちらの目標を相手が自己目標とみとめて、その実現に努力を惜しまないようにさせてしまう能力（ソフトパワー[14]）」、[13]本文２４５頁」と言い換えられる。

多様な価値観とこれに対応する思考表現が併存していることを理解し、場面によって語り方、書き方、話し方を切り替えながら一体感の醸成を図ることができる能力こそが、リスクコミュニケーションの立役者（分析と経験と訓練によって獲得した特殊な能力をもつリーダーという意味）に求められている。

重ねて言うが、思考構造は幼少期の親の言葉がけや学校教師の問いかけによって、長期にわたって繰り返しトレーニングされて社会化した結果である。したがって、入学試験に対応する

「スキル」を磨くだけでは、ソフトパワーは培えるものではないことも肝に銘じておきたいと思う。

〈参考文献〉

(1) NHK Web ニュース（２０２０年11月27日）、Retrieved on Feb. 18, 2021, https://www3.nhk.or.jp/news/html/20201127/k10012733681000.html

(2) 松田尚樹（２０２０）、日本アイソトープ協会放射線安全取扱部会「主任者ニュース」第26号

(3) 多核種除去設備等処理水の取扱いに関する小委員会報告書、２０２０年2月10日、Retrieved on Feb. 18, 2021, https://www.meti.go.jp/press/2019/02/20200210002/20200210002-2.pdf

(4) 〈参考〉秋津裕（２０１９）、放射線教育フォーラムニュースレター No.74, pp.6-7

(5) 佐藤 学（２００３）、リテラシーの概念とその再定義〈特集〉公教育とリテラシー、教育學研究、70, pp. 292-301

(6) ふくしま　放射線教育・防災教育指導資料（活用版）（２０１７）、Retrieved on Feb. 18, 2021, https://www.pref.fukushima.lg.jp/img/kyouiku/attachment/902079.pdf

(7) 消費者庁（２０２１）、風評被害に関する消費者意識の実態調査（第14回）について、Retrieved on Feb. 28, 2021 https://www.caa.go.jp/disaster/earthquake/notice/assets/consumer_safety_cms203_210226_01.pdf

(8) はじめまして ほうしゃせん（２０１３）、（株）原子力安全システム研究所、http://www.inss.co.jp/book/1083.html

(9) 高木利恵子、大磯眞一（２０２０）、母と子のための放射線学習絵本の制作と多言語展開プロジェクト、INSS JOURNAL, Vol.27, R-5, 275-279. http://www.inss.co.jp/wp-content/uploads/2020/10/202027275279.pdf
(10) 放射線リスクコミュニケーション相談員支援センター（２０１９）、相談員支援センターだより, No.19, https://www.env.go.jp/chemi/rhm/shiencenter/pdf/c_dayori019.pdf
(11) 田中隆一（２０１２）、放射線の学習体系を改めて構築する必要 日本時事評論 インタビュー特集 pp. 4-5
(12) 矢守克也、「正当にこわがる」/「正しく恐れる」、科学技術コミュニケーション、Retrieved on Feb. 18, 2021, https://costep.open-ed.hokudai.ac.jp/costep/10th_contents/article/108/
(13) 渡辺雅子（２００４）、納得の構造─日米初等教育に見る思考表現のスタイル、東洋館出版社、第5版
(14) Joseph S. Nye(2003). Propaganda Isn't the Way: Soft Power, International Herald Tribune, Retrieved on Feb. 26, 2021, https://www.belfercenter.org/publication/propaganda-isnt-way-soft-power

トリチウム処理水を正しく理解する「スマート・リスクコミュニケーション」とは
～海洋放出のリスクはどの程度か～

山崎毅・ＮＰＯ法人食の安全と安心を科学する会理事長

■松井市長の提案に共感

炉心溶融事故を起こした福島第一原発敷地内で増え続けるタンクの処理水をどう解決したらよいのか。確かに難問である。２０２２年には敷地内のタンクが満杯になる見通しで、もはや「待ったなし」の状況だ。海洋放出となれば、一番懸念されるのが福島産の水産物への風評被害だが、メディアによる風評懸念報道自体が風評被害を助長するため、不特定多数の市民へのリスクコミュニケーションは容易でない。大臣が食べてＰＲすれば、風評の払しょくになるとの見方もあるが、これも典型的なリスコミの失敗につながる可能性が高い（詳しくは後述する）。

私流の「スマート・リスクコミュニケーション」の手法を紹介しよう。

少し振り返って、２０１９年9月には、松井一郎大阪市長の原発処理水に関するコメントが、世間をざわつかせたことを記憶されているだろうか。

松井大阪市長、福島原発処理水　大阪湾放出に応じる構え
産経ニュース【２０１９年９月17日】
https://www.sankei.com/west/news/190917/wst1909170023-n1.html
日本維新の会の松井一郎代表（大阪市長）は17日、東京電力福島第一原子力発電所で増え続ける有害放射性物質除去後の処理水に関し、「科学が風評に負けてはだめだ」と述べ、環境被害が生じないという国の確認を条件に、大阪湾での海洋放出に応じる考えを示した。大阪府と市は、東日本大震災の復興支援として、岩手県のがれき処理にも協力している。
松井氏は大阪市内で記者団に「自然界レベルの基準を下回っているのであれば海洋放出すべきだ。政府、環境相が丁寧に説明し、決断すべきだ」と述べた。
（中略）
維新の橋下徹元代表はその後、ツイッターで海洋放出について「大阪湾だと兵庫や和歌山からクレームが来るというなら、（大阪の）道頓堀や中之島へ」と発信。小泉進次郎氏には「これまでのようにポエムを語るだけでは大臣の仕事は務まらない。吉村洋文大阪府知事と小泉氏のタッグで解決策を捻り出して欲しい」と注文をつけた。

放出といっても、「自然界レベルの基準を下回っているのであれば……」というリスク評価の前提条件が必要ということだが、実際はどうなのだろうか？

福島県のホームページに福島第一原発の廃炉に向けた課題のひとつとして、トリチウムを含む処理水の問題が詳しく解説されている。ぜひ読んでほしい。

https://www.pref.fukushima.lg.jp/uploaded/attachment/297629.pdf

ちなみに日本だけでなく世界中の原発においても、数十年にわたってトリチウムを含む処理水を大量に海洋放出している（もちろん事故前の福島原発も同様）というが、それにより健康被害や環境被害が起ったという信頼できる科学的証拠がこれまでないことが、海洋放出を正当化する理由となっているようだ。

■フランスの再処理施設はもっと放出

いま福島原発に貯蔵されている処理水のトリチウム量が1000兆ベクレルというと、いかにも大量の放射性物質という印象だが、フランスの再処理施設で1年間に海洋放出されているトリチウム量がその14倍（1・4京ベクレル）だということ、1年間の降水中に含まれる天然のトリチウム量が200兆ベクレル強などという数字をみる限り、福島原発のALPS処理水を海洋放出して十分希釈したのなら、人体や環境に悪影響を及ぼすようなリスクになるとは考えづらい。

ただ、福島原発事故でメルトダウンした原子炉を冷却するのに用いられた汚染水であることから、ＡＬＰＳでトリチウム以外の核種が環境基準値以下まで除去されることが達成されなければ、前述のトリチウム水に関するリスク評価が意味をなさないことになり、このＡＬＰＳが完全に機能することも松井市長の言われる「環境被害がなければ……」の前提条件として必要だろう。

また大阪湾に海洋放出する場合の現実的な問題として、大量の処理水を大阪湾まで運搬するのは経費がかかりすぎることから、どのみち処理水海洋放出の安全性が国民に許容されるのであれば、福島沖に放出して、小泉進次郎環境相が福島県産水産物を食べてＰＲすることで、風評被害を払拭すればよいのではと、アゴラ研究所の池田信夫氏が提案されている。

◎【GEPR】小泉進次郎氏は原発処理水の問題を打開できる（池田 信夫）
アゴラ言論プラットフォーム　２０１９年9月18日
http://agora-web.jp/archives/2041596.html

しかし、筆者はこのリスクコミュニケーション手法が機能しないと予測する。なぜなら、この手法は「リスクコミュニケーションのパラドックス」を引き起こす可能性があるからだ。

２００1年にＢＳＥ問題が国内で発生した際、ときの農水大臣と厚労大臣が国産のビーフステーキを食べるシーンをＴＶ放映したところ、国民は余計疑念をいだいて牛肉を回避した。食のリスクについて不安が蔓延しているときに、「攻めの広告／広報活動」でむしろ消費者の疑念を助長する現象が「リスクコミュニケーションのパラドックス」だ。

小泉進次郎大臣はＢＳＥ問題時の大臣らよりたしかに人気が高く、国民から信頼されているので、そんなことはないだろうと考える方もいるだろうが、なぜ今わざわざ人気の大臣が福島の水産物を食べているところを国民にアピールするのか……と、その不自然なＰＲに対して疑念を抱く消費者が多くなるものと予測するところだ。

筆者はやはり、松井大阪市長の処理水を大阪湾で受け入れるアイデアに、より共感する。なぜなら、ＡＬＰＳ処理水海洋放出の健康リスク／環境リスクが社会の許容範囲内＝安全だとすると、あとは安心の問題であり、これを解決するためには、福島原発事故由来の不安になぜあえてわが自治体が付き合う必要があるんだ？　という感覚を捨て、全国で福島の痛みを分かち合おうという復興支援のビジョンが必要だからだ。福島以外の水産物も手に入るのに、何のベネフィットもない福島県産の水産物をあえて購入するわけがない、という消費者の価値観を超えるのも、同じく復興支援のパワーがなければ、容易に安心にはつながらない。

その後、この処理水をタンカーなどで運搬して海洋投棄するのは国際法違反とのご指摘があり、調べてみたところ、どうも法的にはその通りらしい。いまは全国の海でこの処理水を受け入れるのは難しそうだと考えているところだ（陸路で運搬して、全国の原発施設から海洋放出する道もないわけでないが、時間もなく無理か？）。ともあれ、松井大阪市長がトリチウム処理水を大阪湾に放出してもよいと表明したことは、上手なリスコミだったと考える。なぜなら、市民はみなこの報を聞いて「なんだ、ＡＬＰＳ処理水海洋放出の安全性に問題はないのかとの気付きを与えたからだ。」

■Q&Aで試みる「スマート・コミュニケーション」

いずれにしても、大阪でも全国の海でも処理水を海洋放出して問題ないレベルのリスクであれば、本来、福島の海に放出してもよいはずなので、そのリスクについて気になる不安要因を挙げたうえで、筆者なりの回答を試みた。以下は私流のＱ＆Ａである。

Q1：トリチウムが放射性物質である限り、大量に海洋投棄すると水産物などを介しての健康リスクが否定できないのでは？

A1：たしかにトリチウムが放射性物質である限り、トリチウムから放出される放射線（β線）により内部被ばくをすることとの健康リスクは否定できません。プランクトンや水産物を介した食物連鎖により放射性物質が蓄積されると考えると、健康リスクを心配されることは十分理解できますし、リスクがゼロになることはないでしょう。しかし、放射性セシウム１３７と比較すると、トリチウムによる内部被ばく量は約７００分の1と非常に弱く、許容範囲内の十分小さなリスクであると専門家は述べています。また、水産物へのトリチウムの蓄積の程度は、処理水の海洋放出後にモニタリングが可能ですので、継続的に監視することで解決する（検出される可能性はほぼない）と考えます。

Q2：トリチウムが放射性物質である限り、大量に海洋投棄するのは環境保全に反するのでは？

A2：たしかに環境保全NGOなども、トリチウム処理水の海洋放出に反対しており、環境への悪影響を懸念する声があるのは事実です。有毒な化学物質を大量に海洋投棄したことで、環境への甚大な悪影響をもたらした事件も過去に発生しており、環境リスクを慎重に評価する姿勢やSDGsを重視するのは国際的なコンセンサスでもあります。ただし、世界中の原発施設や核燃料再生施設においても、長年にわたって大量のトリチウム処理水が海洋放出されている中で、環境への悪影響が認められたという報告はないものと思います。もしトリチウム処理水の海洋放出と環境への悪影響の因果関係が科学的根拠をもって証明された場合には、当然環境保全のため、処理水の海洋放出を中止すべきでしょう。

Q3：政府／経産省がトリチウム処理水の海洋放出を決定するとのことですが、担当者はこの処理水を飲んでも平気なのでしょうか？

A3：担当者は、福島原発のトリチウム処理水を飲めないと思います。ALPS装置で大半の放射性物質は除去されていますが、トリチウムなどの放射性物質が残留しており、飲料水としては不適切です。ALPS処理水の海洋放出を許容範囲のリスクとしているのは、福島原発のタンクにためられた大量の処理水でも、それよりはるかに大量の海水に希釈されるからです。トリチウムの濃度も海水に希釈されることでゼロと同じ（ごくごく微量）と考えてよいため、健康リスクも環境リスクも無視できると専門家は評価しています。

Q4：トリチウム水自体は問題ないものの、有機結合型のトリチウムが生体や水産物に蓄積することが問題だと聞きました。大丈夫なのでしょうか？

A4：おっしゃるとおり、トリチウム水が生体内に取り込まれると約３～６％が有機結合型トリチウム（OBT：Organically bound tritium）に移行するとの報告があります。生物学的半減期もトリチウム水より長くなる（約10日間⇩約40日間～1年間）ようですので、その意味では確かに、より生体内に蓄積すると考えてよいでしょう。ただし、このＯＢＴがどの程度蓄積したら、生体への悪影響が出る（例えば発がんリスクが上昇など）かについては、とんでもなく大量の内部被ばくでない限り、自然からの内部被ばく以上の生態影響は起こらないとの実験データがあるとのことです（詳しくは、政府検討会での田内広先生の講演資料をご参照ください）。

Q5：ＡＬＰＳでトリチウム以外の放射性物質は除去されたうえで海洋放出されるとのことですが、ストロンチウムなどすべての核種が完全に除去できていないと聞きました。大丈夫でしょうか？

A5：おっしゃるとおり、福島原発より回収した汚染水を多核種除去設備（ＡＬＰＳ）で浄化して、トリチウム以外の核種はほぼ除去できた状態でタンクに保管されているようですが、完全ではないようです。そのため、海洋放出という処分方法が決定されてから、約2年をかけてタンクにためられている処理水に対して、ALPSによる再浄化や希釈をかけることで、確実に対象核種を基準値以下にして海洋放出に進む予定とのことです。ですので、海洋放出の段階ではトリチウム以外の核種に関する問題は解決するとのことです。

Q6：トリチウムの放射線は弱いとのことですが、どんなに低い放射線被ばく量でも発がんリスクはゼロにならない、すなわち「しきい値はない」と聞いたことがあります。本当に大丈夫でしょうか？

A6：おっしゃるとおり、どんなに低線量の放射線被ばくでも発がんリスクは無視できないという「直線しきい値無し仮説（Linear no-threshold hypothesis・LNT仮説）」という理論がありますので、トリチウムによる弱い放射線被ばくに関しても、できれば回避したいリスクだという考え方は理解できます。ただし、よく考えると我々は、自然界において大気中の水蒸気、雨水、海水、水道水にも含まれるトリチウムに常に被ばくしていると同時に、一般食品中の放射性カリウム（40K）なども含めて、年間2マイクロシーベルト程度の放射線被ばくを受けているので、そのようなバックグラウンド値に大きなバラツキがあると考えれば、ごくごく微量の海水由来のトリチウムによる内部被ばくを回避する必要性はないでしょう。

Q７：世界中の原発施設で海洋放出されているので問題ないとのことですが、実際にトリチウム処理水を海洋投棄した地域ではがん患者が多い、という疫学データがあると聞きました。本当なのでしょうか？

A７：トリチウム処理水の海洋放出をしている地域と海洋放出をまったくしていない地域で、がんの発症率を比較した場合に、明確にトリチウム処理水の年間放出量とがん発症率に因果関係があれば、それは大問題ですね。しかし、そのような確かな疫学研究報告を我々は知りませんし、専門家の方々も現時点でトリチウム処理水の海洋放出量と地域住民のがん発症率に相関があったという信頼できる報告はないと評価しております。

もしそのような疫学データがあるとのことでしたら、本当にトリチウム処理水の年間海洋放出量と地域住民のがん発症率に明確な因果関係があったと、複数の根拠データをもって再現できているか（処理水放出量が2倍、4倍になると、がん発症率もパラレルに上昇しているか？）を、確認されたほうがよいと考えます。

残念ですが、がん発症率の違う地域をあえてピックアップして、トリチウム処理水のせいでがんが増えた……などと誤った結論を導かれる疫学論文もあるので要注意です（原発近郊の住民で白血病が多いというデータを散見しますが、トリチウム水海洋放出との因果関係は不明です。原発勤務に長年従事している住民に白血病の発症頻度が若干多いと評価する方が自然と考えます)。

以上のようなトリチウム処理水のリスクに関する一問一答が、我々の開発した「スマート・リスクコミュニケーション」という手法の一例だ。すなわち、「確証バイアス」の要因となっている信念や仮説にいたった不安要因に共感した設問を投げかけたうえで、それぞれに対して学術的理解を与える科学的根拠を分かりやすく情報提供することで、消費者市民のリスクの理解につながるという手法だ。単なる「安全性に問題はない」という学術的説明のみで説得を試みるのではなく、市民の不安に寄り添う姿勢とともに、リスクに関する議論をすることで理解が深まるのが、リスクコミュニケーションのポイントであろう。

■風評被害への懸念は状況を悪化させる

もしトリチウム処理水の海洋放出において水産物や人体に対するリスクが無視できることが市民に理解されるようなら、最初のハードルをクリアしたことになるが、残念ながら福島の漁業関係者が風評被害を懸念される状態は解決したことにならない。しかし、この問題については消費者市民の意識をどう捉えるかが重要であり、漁業関係者（食品事業者）が風評被害を懸念するだけでは、むしろ状況が悪化すると考えるべきだ。

消費者市民に対してトリチウム処理水海洋放出の健康リスクが十分小さいことを地道に伝え

ることは、「食の安心」の問題であり「食の安全」の問題ではない。「食の安全」の問題なら不特定多数の市民に伝える必要があるが、「食の安心」の問題は本来、心配している特定の市民を対象に回答すればよい問題だ。しかし、福島の漁業関係者がこの問題を「風評被害が懸念される」などとメディアで報道されると、不特定多数の市民に対して本件があたかも「食の安全」の問題、すなわちトリチウム処理水が海洋放出されると福島の水産物が危険な食べ物かのように伝わってしまう。

そこで、リスク管理責任者（経産省や東京電力）もだが、漁業関係者も食品事業者として、この場合はトリチウム処理水の海洋放出が福島の水産物への悪影響はないものとして、リスクを十分理解する姿勢を示すことの方が、はるかに不特定多数の消費者の「食の安心」につながると考える。

ここで強調したいのは、漁業関係者が「風評被害が心配だ」と報道されればされるほど、市民も余計に不安になるということだ。筆者がいつも指摘していることだが、「風評被害が心配されます！」というメディア報道が、最も市民の不安を煽ることになることに気づいていただきたい。市民の不安を煽って番組を盛り上げたいメディアに、福島県の地元漁業関係者も食品事業者も踊らされてはいけないのだ。

商品の品質に関して販売者が自信をもって売っていなければ、消費者市民が安心できないのは当然だ。そのためにも漁業関係者は、ALPS処理水の海洋放出が水産物の安全性や品質にまったく影響しないことを十分理解したうえで、自信をもって販売することが重要だ。そのうえで、それでも「安全性は大丈夫か？」というお問い合わせが顧客からきたときには、丁寧にお答えする姿勢が「食の安心」への対応として正解だろう。

「風評被害につながるので政府はなんとかしてくれ！」とメディアに対して騒いだところで、消費者市民の気持ちは決して安心には向かわないし、むしろトリチウム処理水の問題を知らなかった市民まで、福島の水産物はどうも危なそうなのでやめておこう、とリスク回避されるのが落ちだ。

■リスクが許容できる範囲に抑えられているかが重要

最後に、筆者がBuzzFeed Japan（米国ニューヨークに本部を置くオンラインメディア「バズフィード」日本版）の瀬谷健介記者から取材を受けた記事がYahoo! Japanニュースに掲載された。私の強調したい点がうまく書かれているので、その一節を紹介したい。ちなみに瀬谷記者はトリチウム水問題に関して的確なニュースを発信している。

◎放射性物質を含む水の処分は「安全。でもゼロリスクはない」。その言葉の真意

BuzzFeed Japan（瀬谷 健介）、Yahoo! Japanニュース（2019年12月14日）

https://news.yahoo.co.jp/articles/0e7f86a69d06d85b3a746faf3a68adbf8986405d

山崎談：「処理水を海洋放出したとして、それによるリスクがあるか、ないかと言われたら、リスクはある。トリチウムが放射線（ベータ線）を出す限り、リスクはゼロではないんです」

食品の安全とリスクに関する研究の専門家である山崎さんは、処理水はタンクに入っている状態のままでは健康や環境への懸念が残るので「安全とは言えない」と言う。しかし、海洋放出などをする際に、改めて２次処理したうえで、トリチウムに関する国の規制基準を満たすまで薄めれば問題ない、すなわち「安全と言ってよい」と考える立場だ。

しかし、規制基準を満たしてから、つまり「安全」にしてから処理水を海に放出しても「ゼロリスクではない」という。山崎さんがまず指摘するのは、「科学的な安全性の達成」と「リスクをゼロにすること」は、イコールでは結べないという点だ。

リスクとは、将来に何か問題が起きるか起きないかわからない不確実性が伴う。それを考えれば「リスクは常に残る」という。「今まで問題が起きたことがないんだから、起きるわけがないというのは、リスクの考え方ではありません」「なので、処理水を希釈してから海に放出しても、リスクはあるにはある。しかし、そのリスクはごくごくわずかだから『安全と言える』ということなのです」

一方、安全学では、「安全」というのは、人体へのリスクが許容可能な水準に抑えられている状態だと考える、と山崎さんは言う。「つまり残留リスクがあっても、『トレラブル（許容可能な＝我慢できる範囲の）リスク』ならば、『安全』と言っていいんです」「基準以下であれば健康被害が出る可能性はほぼないから、みんなで受け入れましょうと社会で合意するのが『安全基準』です。だから、不確実性が伴うリスクは、あるにはある。『ゼロリスク』を意味するわけではないんです」私たちの身の回りはリスクで溢れている。例えば、どんな飲食物にも、ベネフィット（利益）があると同時にリスクもある。酒類は、その代表格だろう。

リスクと安全の定義をしっかり理解したうえで、トリチウムを含む処理水の海洋放出がどの程度の健康リスクなのかを市民に地道に続けること、それがリスク管理責任者（政府・自治体と東京電力）のリスコミのあり方であろう。説得しようとするのではなく、リスクを皆で議論し、リスクリテラシーを磨くことで、必ず正しいリスク感覚に大半の市民は動いていく。

新型コロナ感染症（COVID-19）についても、最初は人との接触を8割減らすしか感染症を抑える方法はないという誤ったリスコミに振り回された（国内に感染者は１０００人に１人しかいないのに全員の外出を止める必要性はなかった）が、やっといま個人でできるマスク・手洗い・消毒というリスク低減策ができていれば、移動自体が大きなリスクでないと国民は気づいたはずだ。

福島県産の食品は食べても健康被害が起こるようなリスクではないと、10年間でやっとほぼ

９割の国民が理解してくれたように見える。だからこそ、福島原発からのトリチウム処理水についても、しっかりリスコミの議論を繰り返せば、大半の市民が正しいリスクイメージをつかみ、福島県産の水産物を安心して食べてくれると信じている。

第4章

風評を抑えるために何が必要か

過去の事例から学ぶ教訓は何か

唐木英明・東京大学名誉教授

■風評被害は安全に対する意見の不一致が起こす被害

一般に「根拠がないうわさのために受ける被害」を「風評被害」と呼んでいるのだが、本当にそうだろうか。

筆者の専門である食品安全や健康問題をめぐってリスク管理者である行政と消費者の対立がたびたび起こり、ときには大きな経済被害が出ている。対立の発端は事件や事故、あるいは間違った情報である。対立の原因はリスク管理が十分なのか、すなわち安全が守られているのかだが、何をもって安全と判断するのか、その基準がリスク管理者と消費者では異なる。リスク管理者は科学的なリスク評価を判断基準にして、統計的に健康に被害がないところまでリスクを低減できれば安全と判断する。

一方、消費者は誰でも自分と家族の健康に関するリスクはゼロにしたいと思う。その判断基準は科学や統計学ではなく、個人の感覚、すなわちリスク管理者が信頼できるのか、彼らの説明に納得して不安が解消したのかである。

だから、管理者から「基準値以下の微量の食品添加物や残留農薬や放射性物質のリスクは小さく、科学的あるいは統計的に見て安全だから、その程度のリスクは受容してほしい」と言われても、簡単に「わかりました」とは言えない。それは事業者の利益を優先して消費者の健康を軽視していると感じるのだ。

リスク管理者が「科学的に安全が証明されている商品に対して不安を感じるのは消費者の誤解にすぎない」と感じるのに対して、消費者は「リスクがある商品を押し付けようとするリスク管理者を信用できない」と感じるのでは対立が起こるのは当然である。そのような不安をメディアが取り上げると大手小売店は素早く対応し、不安が示された商品を店頭から取り下げ、仕入れを止めるなどの対応をとる。こうして商品の売り上げは低下し、販売企業は損害を受ける。

このような事例・体験から、筆者は風評被害とは根拠がないうわさが引き起こす被害ではなく、「安全に対する意見の不一致が起こす被害」と考える。

そこで、これまでに起こった多くの風評被害の中からいくつかを取り上げて、その原因と解決の経緯を述べてみたい。

■人間の判断の特徴は何か

具体的な事例を紹介する前に、消費者とリスク管理者の判断が異なる理由について述べておく。人間の判断は直感的であり感情的である。そして直感的判断にはいくつかの特徴がある。その第1は危険情報を無視しないことだ。群れで暮らす動物には見張り役がいて、危険情報を知らせることで全員の命が助かる。危険情報を無視すれば死ぬ確率が高い。こうして危険情報を無視しない遺伝子だけが生き残った。逆に安全情報を知らせる仕組みはないし、あっても無視する。そうしても何の危険もないからだ。第2の特徴は、利益情報も無視しないことだ。「あそこに行ったら食べ物や水がある」といった利益情報を無視したら飢死することだろう。第3の特徴は、信頼している人の判断をそのまま受け入れることだ。狩猟採集時代の昔から、人間は知識と経験が豊富なリーダーの言うとおりに行動して命が助かった。知識も経験もない若者が勝手な行動をしたら死ぬ可能性があった。

こうして、我々は基本的にはゼロリスクを選ぶのだが、自分で重大な決断をすることを避け、信頼出来る人の判断に頼ろうとする。信頼する人がいない時には多数の人に従う。多数派の意見は正しいことが多いし、多数派と違うことをする人は仲間外れにされる可能性もあるからだ。信頼できる人を見分けることは、命を守る手段なのである。

人のつながりが希薄になった現代社会では、信頼する人を見つけることは難しくなった。その結果、多くの人が信じるのはテレビのコメンテーターや新聞の論説などである。要するに、メディアの論調が多くの人の考え方を左右する時代になり、そのメディアは新聞やテレビからネットメディアに変わりつつある。だからメディアが間違えると世論も間違えた方向に行く。

このように人間の判断には様々なバイアスがあるのだが、それが情報のアンバランスを作り出す。「危険、不安」という情報は売れるが、「安全、安心」という情報は売れない。それがビジネスチャンスになり、食品添加物や残留農薬が危険と主張する記事で生計を立てる評論家が生まれ、これらが週刊誌やネットメディアなどを通じて広がって行く。

これを見て、商品の差別化のために無添加食品や無添加化粧品、果ては無添加ドッグフードまで売り出す企業が出てくる。危険情報が科学的に正しければ歓迎すべきだが、市販の食品はすべて食品衛生法の厳しい基準に合格した安全なものであり、巷に流れる危険情報に科学的根拠はない。

危険情報を流す目的はビジネスだけではない。善意で危険情報を拡散する人もいる。そのような人達にありがちなのは、自分の先入観に合う情報ばかりを集めて、反対意見には耳を貸さない「確証バイアス」という心理的特徴だ。ちなみにある行動により危険を逃れた成功体験がある場合、次も同じ行動をすれば助かる可能性が大きい。成功体験は先入観として記憶に刻まれ、確証バイアスにより強化されるので、仮にそれが間違っていても変えることは難しい。

一般的には安全情報を無視して危険情報を重視するのだが、これが逆転することがある。それは自分に利益があるときだ。例えば交通事故による死者が毎年何千人も出ている事実を直視すれば、自動車は直ちに禁止すべきだろう。そうならないのは、自動車が多くの人に利益があるからであり、するとリスクが小さく見えてしまうのだ。さらに自分には悪いことは起こらないと考える楽観バイアスも働く。これは過剰な不安による精神的ストレスを避けるための自己防衛反応だが、自動車だけでなく酒もたばこも宝くじも「自分だけは特別」という楽観バイアスにその存在を支えられている。

人間はそのような偏った判断をするという事実に立って、いくつかの風評被害の事例について考えてみる

■中国産食品嫌いはなぜ生じるか

最初の例は消費者の間で広く定着している「中国産食品嫌い」である。

この「常識」ができたきっかけは、2000年から2002年にかけて、インターネットなどで個人輸入した中国産「やせ薬」に食欲抑制剤であるN－ニトロソフェンフルラミンやシブトラミンが加えられていたため、これらの副作用で肝機能障害が発生し、796人が体調を崩し、4人が死亡した事件だ。

さらに２００２年に民間団体が中国産冷凍ホウレン草から規制値を超える農薬クロルピリホスを検出し、国は検査件数を2倍に強化した。すると別の農薬ディルドリンの基準違反が見つかり、検査件数を8倍に増やしたところ、さらに違反が見つかった。違反は健康に影響が出ない軽微なものだったが、「中国産食品は危険」という評判が定着して、冷凍ホウレン草の輸入は完全に止まった。２００５年には中国産のうなぎから使用禁止の抗菌剤が検出され、中国産食品の評判はさらに落ちた。

20年前の中国は戦後の日本とよく似た状況で、国による規制も一部事業者の順法精神も不十分なため、このような事態が起こったのだ。これらの事件をきっかけにして中国政府は規制を強化した。中国産冷凍食品の大部分は日本企業が現地に工場を設置し、あるいは現地の工場と提携して、農場での農薬の使用から工場での食品製造工程までを、日本の食品衛生法に沿って管理しているのだが、これもまた厳しく見直された。

その結果、少なくとも日本が輸入する食品については、規制違反はほとんどなくなった。しかし、それまでの出来事により中国産食品に対する否定的な心情がつくられていた。これが中国産食品への拒絶反応にまで進んだきっかけは中国産冷凍ギョウザ事件だった。

２００８年末、中国の天洋食品が製造し、日本生活協同組合連合会が販売した冷凍ギョウザに混入した高濃度の殺虫剤メタミドホスにより、千葉県と兵庫県で3家族10人が中毒症状を起こした。作物に残留する農薬の量としてはありえない極めて高濃度が混入していたことから、当初からこれは犯罪事件と考えられ、その後の捜査でこれが裏付けられた。

しかし、メディアも多くの人もこれを食品安全の問題と勘違いして、中国産食品はすべて危険と誤解し、不安と不信が一気に広がった。メディアは検査を厳しくすべきと主張したが、検査は食品を破壊して測定するので、検査後の食品は商品にならない。だから全量検査は不可能なのだが、そのような事情を知らずに輸入食品の一部しか検査しないことに対する厳しい批判も相次いだ。

結局、検査件数が大幅に増やされ、その結果、基準をわずかに超える程度の違反が相次いで発見され、これが連日大きく報道され、不安がさらに広がり、多くの小売店も外食店も中国産食品の取り扱いを中止して、その輸入量は大幅に減った。

■統計数字では中国産輸入食品の違反率は低い

それでは中国産食品は他国に比べて危険なのだろうか。事件が起きた当時の厚生労働省輸入食品監視統計を見ると、２００９年度の基準の違反率は、輸入件数が多い国の順に、中国０・35％、米国０・90％、フランス０・50％、タイ０・73％、韓国０・46％、イタリア１・04％で、中国からの輸入食品の違反率は最も低い。東京都および特別区で２００９年度に実施された輸入食品と国産食品の検査で見つかった違反率を見ると、国産食品が0・07％、輸入食品が0・10％で両者の間にほとんど差がなく、ともに１０００件に1件程度の違反にすぎない。重要なことは健康に被害を出すような重大な違反がなかったことである。このように「中国産食品は危険」という主張を裏付ける根拠はない。

風評が広がった直接の原因は中国産食品の違反件数が多かったことだが、国産食品も輸入食品も１０００件を検査すれば1件程度の違反が必ず見つかる。中国産食品の検査率だけを増やせば、発見される違反件数も増える。これを毎日大きく報道すれば、当然のことながら中国食品に対する不安は強まる。一方で、国産食品でも検査率を増やせば発見される違反件数も同様に増えるという統計的な事実を理解して報道した新聞もテレビもなかった。違反件数だけを見て、違反率を見ないという単純な誤りが誤解を広めたのだ。

事件から約2年後、天洋食品の元従業員が冷凍ギョウザに注射器を使って農薬を混入させた罪で無期懲役になった。日本でも２０１３年末、アクリフーズ群馬工場で従業員が冷凍食品に農薬を注入するという事件が発生した。中国と全く同じ犯罪事件だったが、風評や買い控えは起こらなかった。

２０１４年には上海福喜社が期限切れの鶏肉やカビが生えた牛肉を日本マクドナルドに供給していた問題を上海のテレビ局がスクープ放映した。日本でも同社の社員が肉類を不衛生に取り扱う映像が繰り返して流され、中国産食品すべてに問題があるような論調がまたもや広がった。

消費者の不安解消のために動いたのは冷凍食品の輸入企業で、中国各地で日本向けの農産物を栽培している農地や加工工場をメディア関係者などに公開して、安全対策や犯罪対策の充実を紹介した。このような対応は一定の成果はあったのだろうが、消費者の誤解が解消したわけではない。2017年に食品表示基準が改正され、すべての加工食品は原料原産地表示を行うことが義務付けられたのだが、その背景にあったものは「加工食品の原産地が中国かどうか知りたい」という消費者の要望だった。中国産食品への不安が続いているのだ。

にもかかわらず、一時激減した海外からの冷凍食品の輸入は回復している。これは日本の食料自給率の低さから多量の食品を輸入せざるを得ない事情とともに、輸入食品は国内産に比べて圧倒的に安価であるという事情がある。メディアが作り出した風評が続いていてもメリットや必要性があれば商品の購入は止まらない例である。

この件に限らないが、メディアの不適切な報道が引き起こした社会的混乱と経済的被害に対して、米国であれば被害を受けた企業が賠償金請求訴訟を起こすのだが、日本ではそのような対応はほとんどない。メディアは「事実を伝えただけ」と言い訳をするだろうが、偏った事実を伝えることが誤解を招くのである。

■許可されない放射線殺菌

次は風評が解決しない例である。

食品には食中毒菌、ウイルス、かび、寄生虫卵など多くのリスクがあり、これを排除するために加熱処理が行われるのだが、加熱は食品の品質と匂いと味を変える。そこで酸化エチレンガスや臭化メチルガスによる殺菌も行われたが、前者は発がん性、後者は温暖化問題で使用されなくなり、注目されたのが放射線殺菌である。当初は放射線を照射することで食品の栄養素が損なわれる、発がん性物質が生成する、食品が放射能を帯びるなどの懸念があったが、多くの研究から殺菌に使用する程度の放射線量であればその恐れはないことが証明された。

最初に実用化されたのは香辛料の殺菌である。古くから行われていたのが加熱殺菌だが、これは香辛料の大事な要素である風味を著しく損なってしまう。そこで、風味を損うことがなく殺菌ができる放射線殺菌が始まり、その大きなメリットのため、現在は世界各国で広く行われている。香辛料以外に、米国では腸管出血性大腸菌Ｏ１５７による食中毒対策として食肉の殺菌にも使われている。

日本では１９７５年からジャガイモの芽止めに放射線照射が利用されている。照射したジャガイモは「ガンマ線照射済」の表示が義務づけられているが、消費者の不安を考えてジャガイモのまま販売されることはほとんどなく、表示が不要な加工品の原料に使われているが、それも年々減少している。

消費者の不安の原因はもちろん反原水爆・反原発運動により放射能に対する恐怖が広がったことであり、放射線殺菌を行った食品の安全性に問題がない点が理解されないことだ。こうして香辛料の放射線殺菌は実施されず、海外から放射線殺菌を行った風味がよい香辛料を入手したくても、国内で許可になっていないため輸入はできない。O157食中毒の影響で牛肉の生食が禁止になった時にも放射線殺菌の話題が出たが、これも反対運動で止まった。

消費者の利益になる有用な技術であり、香辛料の業界団体からは放射線殺菌を解禁する要望書が出されているのだが、日本だけがその使用が許可されない最大の理由は、日本人の特徴ともいうべき放射能恐怖症である。国には消費者の誤解を解いてこれを積極的に推進する姿勢はなく、業界団体の力が弱く政治を動かす力がなく、政治家は放射線殺菌の推進が有権者の反発を買うことを恐れ、そして消費者は海外の製品に比べて風味が劣る香辛料を使っていることを知らない、すなわち放射線殺菌のメリットを知らないのである。この問題にメディアが関心を示さず、逆に放射能恐怖症をを助長するような報道が続く中で、消費者が不利益を被っているのだが、問題解決の道は見えていない。

■「可能性」で消えた食用油エコナ

３番目は、海外情報に過剰に反応して人気商品を市場から排除した特異な例である。

食用油エコナは１９９８年に厚労省の審査を経て特定保健用食品（トクホ）として許可になり、体に脂肪が蓄積しにくい油として人気商品になった。ところが２００９年に問題が起こった。多くの食用油にはグリシドール脂肪酸エステルが含まれているのだが、これが体内で発がん性があるグリシドールに変化する可能性があるので、乳児用ミルクのグリシドール脂肪酸エステルを減らしたほうがいいというドイツの食品安全機関の報告があったのだ。そしてエコナには他の食用油の１００倍以上のグリシドール脂肪酸エステルが入っていた。

この情報を聞いた食品安全委員会の一部の専門委員から「エコナの販売を止めるべき」という意見が出され、エコナに発がん物質が入っているような間違った報道が行われ、消費者団体がトクホの認可取り消しと販売の停止を求め、消費者担当大臣がこの問題に緊急に対応する方針を表明するという大きな騒動に発展し、発売元企業はトクホの取り下げと販売の停止に追い込まれた。

２０１４年になって食品安全委員会はエコナには発がん促進作用がないこと、グリシドール脂肪酸エステルには毒性が認められないことを発表し、エコナの疑いは晴れたのだが、人気商品が復活することはなかった。これは複雑な問題である。

ドイツのリスク管理者は「予防の措置」として危険の可能性を消費者に知らせたのだが、それはあくまで「可能性がある」という意味だった。ところが日本の食品安全委員会委員は「エコナの販売を止めるべき」という先走った意見を述べ、これを受けてメディアは「エコナは危険」と断定するような報道を行い、消費者も政治家も「危険なものは禁止すべき」という動きになったのだ。

考えなくてはいけないことは、社会を混乱させるような動きにどのように対処すべきかという問題である。本来であれば、エコナの安全性審査を行った食品安全委員会と、これをトクホとして認定した厚労省が「安全性に問題はない」と明言すべきだったのだが、行政の動きは鈍かった。

問題が起こったのは民主党政権発足直後であり、政治もこの問題に慎重に取り組む姿勢はなかった。エコナ発売企業の説明は色眼鏡で見られて、まともに信じる人はいなかった。結局、新聞とテレビのコメンテーターが行う「不安、危険」という情報ばかりが拡散して、消費者団体と政治家が動いて一気に世論が出来上がった。全員が幻におびえてゼロリスクの対策を実施したのだ。欧米の専門家の意見ではこれも訴訟の対象となり得るのだが、日本では一企業が社会とメディアを敵に回して戦う風潮はない。結局泣き寝入りしかないことを示した事例である。

■牛海綿状脳症（ＢＳＥ）問題の政治的解決

次は政府主導で消費者を誤解させることで風評を収めた例について述べる。

２００1年9月、千葉県でＢＳＥが発見された。感染牛の数は少ないと予測されたこと、病原体は牛肉や牛乳には存在しないこと、病原体が集中する脳やせき髄などの特定部位を除去する安全対策を実施したことから、ＢＳＥが人に感染する可能性はないと推測された。発見の翌日、米国同時多発テロが発生し、国民の目は米国に集中し、ＢＳＥ問題はほとんど忘れられていた。

しかし、その週末に放映されたＮＨＫスペシャルによってＢＳＥに対する不安は一気に高まった。番組は英国でＢＳＥに感染した若者の悲惨な姿を大きく取り上げ、牛肉を食べると致死的な病気に感染するという恐怖感を広げた。さらにメディアと野党は連日、ＢＳＥの発生を防止できなかった農水省の不手際を大きく報道し、国民の不信が高まった。その結果、たった１頭の感染牛が見つかっただけで海外から驚きの声が上がるほど大きなパニックが起こり、２頭目、３頭目の発見で恐怖感が増幅して牛肉の消費は激減した。

政府はパニック対策としてＥＵと同じ30カ月齢以上の食用牛の検査を計画した。牛は生後12カ月以内にＢＳＥに感染するが、検査法の感度が低く、ＢＳＥを発見できるのは30カ月をはるかに超えた時期である。だから30カ月以下の感染牛を検査しても感染していないことになってしまい、安全対策にならないのだ。

ところが、検査をするなら全部調べるべきという声が消費者団体、農業団体、そして政治家からも起こり、全月齢の全頭検査が実施された。この時、政府は検査をしても若齢牛のBSEを見逃すことを国民に伝えず、「検査をして安全な牛肉だけを市場に出す」という広報を行った。これが信じられて「全頭検査こそが最重要対策」という誤解が広まった。一部の研究者とメディアも誤解を広げる手助けをしてしまった。

その一つは、21カ月齢と23カ月齢の2頭の若齢牛を根拠薄弱のままBSEと判定し、「全頭検査のおかげで若齢のBSEを発見できた」と宣伝したことだ。この2頭はBSEではないことが後に判明したのだが、仮にこの2頭がBSEであったとしても、検査が若齢牛のBSEの大部分を見逃す事実は変わらない。

また、BSE病原体であるプリオンの研究でノーベル賞を受賞した米国の研究者が来日して全頭検査を継続すべきと主張したが、彼自身がBSE検査薬を開発し、日本に売り込もうとしていた事実を知る人は少なかった。

それから2年後の2003年、今度はカナダと米国でBSEが発見され、牛肉の輸入が停止した。このとき、日本とは対照的に両国国民は政府の説明を冷静に受け入れ、パニックなどは一切起こらなかった。日本は輸入再開の条件として全頭検査の実施を要求したが、米国は「牛肉の安全は特定部位の除去で十分であり、全頭検査は日本独自の安心対策に過ぎない」としてこれを拒否した。

これを聞いて、メディアも国民も「米国は非科学的で傲慢」と怒り、野党はこの問題を政府攻撃の材料に使い、輸入反対運動が起こり、解決に長期間を要した。またこれを契機にして全頭検査を実施している国産牛肉は安全だが、検査をしない米国産は危険という風潮が出来上がった。

結局、政府は米国の圧力を受けて多くの反対を押し切って検査月齢を20カ月超に変更し、２００５年末に20カ月以下の米国産牛肉に限って検査なしで輸入を再開した。ただし消費者の反発を懸念して全都道府県が全頭検査を継続し、国は検査費用を補助するという二重基準が続いた。検査が原則廃止されたのは２０１７年、輸入制限が解除されたのは２０１９年だった。

筆者が当時の関係者多数の意見を聴取した結果、ほとんどの関係者が全頭検査はパニック対策として効果があった評価した。消費者は牛肉の安全性に疑問と不安を持っていたのだが、その解決法は「牛肉は安全」と信じてもらうことしかないというのが当時の政治家の考え方であり、その手段が「全部の牛を検査して、安全なものしか市場に出さない」という全頭検査だった。そしてこの作戦は成功を収め、ほとんどの消費者が「全頭検査をしているから牛肉は安全」と信じたのだ。

検査では「感染していない」牛の中に感染牛がいることから著者は、それは国民を誤解させる手法だから間違っていると考えるのだが、それではもっといい案があったのかと言われると返答に窮する。もちろん、「病原体が含まれる特定部位を除去しているから安全であり、これはフグを安全に食べる方法と同じ」などの科学に基づく説明を繰り返したのだが、消費者へのインパクトと理解の度合いは全頭検査にははるかに及ばなかった。決定的な出来事は、ほとんどすべてのメディアが全頭検査を支持したことであり、そのため科学的な事実が国民に伝えられることはなかった。ここでもメディアの強大な力を痛感させられた。

他方、全頭検査を実施していない米国産牛肉を多くの消費者が危険と誤解したため輸入再開が遅れ、関連企業が大きな損害を受けた。これらの事実をどのように評価し、どのように次の対策に生かすのかについての議論はほとんどない。

■処理水の解決に必要な5つのこと

最後に処理水の海洋放出問題だが、経産省が設置した「多核種除去設備等処理水の取扱いに関する小委員会」においてこの問題が審議され、2020年1月に発表された報告書にその対策が記載されているので、その内容も参考にしながら筆者の考えを述べる。

そもそもこの問題の解決が困難な理由は、放射線殺菌問題が示すように、日本人の放射能に対する不安は海外よりずっと大きいこと、巷には危険情報があふれていること、逆に安全情報はほとんどないこと、この問題の解決が自分のメリットと考える消費者はほとんどいないこと、だからそのリスクを避けることばかりを考えてしまうこと、そして問題解決の必要性と安全性を主張する政府と東電に対する信頼が薄いことなどである。

この問題の具体的な課題は「福島の農水産物は不安」という消費者への風評対策と、「せっかく風評が収まりつつあるのに、処理水放出で再び風評が起こる」という漁業者の不安対策の２つがある。

これまでの長期間、福島県産農水産物の風評対策として政府と県が強力なリスクコミュニケーションを実施してその成果が徐々に表れているのだが、風評の再燃を抑えるために、基本的にはこれまでの努力をさらに続けることが必要である。

次は海洋放出に直接関係する対策だが、規制値以下のトリチウムを含む水の海洋放出は環境にも魚介類にも何の影響もないという行政の意見と、いくら安全と言われても放出海域で漁獲した魚介類を消費者が選択してくれるはずがなく、風評被害が起こるという漁業者の意見の接点はいくつかある。

一つ目は、海洋放出が実現可能な唯一の手段であることの十分な説明である。地層注入、水蒸気放出、水素放出、地下埋設などの方法との比較についての説明はまだ不十分であり、消費者団体なども海洋放出以外の方法を採用すべきと主張している。この問題の理解が進むだけで解決は大きく前進する。

二番目は「安全性」である。現在貯蔵されている処理水の中には除染処理が不十分で、トリチウム以外の核種が含まれるものがある。詳細なモニタリング結果を公表して「規制値以下のトリチウムしかない」という言葉を信じられる状況にすることが最重要の課題である。

三番目は「誤解の解消」である。もし放出海域の魚介類の買い控えが起こるとしたら、それは消費者と小売業者に不安があるからであり、その最も効果的な対策は検査により安全を数字で示すことである。検査結果については、基準値以下であっても不安を感じる人もあり、検出限界以下であることを求める意見もあるが、規制値以下であれば安全性に問題がないことはこれまで以上に十分に説明する必要がある。

四番目は「安全であることは理解したが、それでも不安」という人への対策である。特に、漁業者自身が安全性に不安を持っていては、問題は解決しない。

「安心＝安全＋信頼」という公式がある。科学者や行政がいくら「安全」と言っても、その言葉が信頼されなければ安心は得られないという意味である。そして、信頼を得るためには「逃げず、隠さず、嘘つかず」、すなわち責任を認めることから逃げず、真実を隠さず、嘘をつかないという公式もある。海洋放出のすべての段階で関係者との話し合いを持ち、納得のうえで進めることで透明性と説明責任を明確にすることが重要である。

五番目は「被害の救済」である。

海洋放出により買い控えが起こるとしたらどこに原因があるのかを調査して、あらかじめ対策を講じることが必要である。中国産冷凍食品でも福島県産農産物でも、大手小売業が消費者の不安を先取りして仕入れを控えることが多かった。行政、漁業者、大手仕入れ業者、そして消費者団体が協力して、風評被害を防止する対策を講じるべきである。

それでもなお買い控えが起こる可能性がある。農産物の例で言えば、福島県産の米、牛肉、モモなどの価格は低いままである。他方、価格が安く、品質が良い農産物を外食産業が購入し、出荷量は減っていないものもある。もし価格に差が出た場合には、事故の責任者である東京電力が保証することも明らかにすべきである。

ここで述べた対策のほとんどが政府の方針に含まれている。実際に放出が始まるのは2年後のことだが、それまでのリスクコミュニケーションが風評の程度を決めることになる。その対象はすべての消費者であり、正しい情報を広く伝えるために、メディアの全面的な協力が欠かせないことは、これまで述べた風評の事例が物語っている。政府の発表に対して韓国と中国は、自身もトリチウムを含む原発排水を海洋放出しているにもかかわらず、日本の処理水の安全性に問題があるとして反対したのだが、このことが安全性に関するメディア報道を活性化して、国民の理解が進んでいることは、期せずしてリスクコミュニケーションの大きな一歩になったと言えよう。

最後に、「風評は必ず起こる」という情報は「処理水は危険」という情報と結びついて、実際に風評を引き起こす可能性が大きく、軽々に断言すべきではない。「風評を起こさない」という決意と、そのための手段を繰り返して説明することが必要である。

〈参考文献〉

経済産業省「多核種除去設備等処理水の取扱いに関する小委員会報告書について」
https://www.meti.go.jp/earthquake/nuclear/osensuitaisaku/committee/takakusyu/report.html

英国から学ぶ科学コミュニケーション

小出重幸・科学ジャーナリスト

原発処理水とトリチウム

トリチウム水は世界中の原子力施設から環境へ放出されているのに、なぜ福島だけが前進しないのだろうか。その淵源をたどってみよう。

２０１１年3月の、東京電力・福島第一原子力発電所の事故では、運転停止後の核燃料を安定に冷却できるかが、爆発事故回避のポイントだった。冷却に失敗し、水素爆発で破損した原子炉格納容器からは核燃料に汚染された冷却水の漏出が続き、２０２１年3月現在でも、原子炉を通過して汚染された冷却水は、毎日１４０トン産み出されている。ろ過装置で、この汚染水に含まれる放射性物質を濾し取った「処理水」には、微量の放射性物質、トリチウムが含まれるが、この処理水の海洋放出をめぐり、大きな社会的混乱が続いている。

■海外の放出事例

日本国内の原子力発電所では、原子炉冷却後の排水を海洋放出するときの、トリチウム量の規制基準として、1リットルあたり6万ベクレル、1発電所あたりの放出総量を、年間7・4兆～290兆ベクレル、という濃度基準を維持してきた。事故前の福島第一原発でも、トリチウム排出量は、年間22兆ベクレルという目標を維持してきたが、国外を見れば、カナダの原発では、トリチウム排水の年間放出量、241兆～894兆ベクレル、韓国、台湾、中国の原発では17兆～42兆ベクレル、フランスや英国の核燃料再処理施設では1540兆ベクレル以上のトリチウムを毎年、海洋や河川に放出、廃棄している。

いずれも、濃度が一定以下ならば、トリチウムの健康被害は避けられる、という判断に基づく国際的な排出実態だ。

福島第一原発サイトでたまり続ける、トリチウムを含む処理水を、一定基準以下に希釈しながら放出することは、世界の原子炉の処理プロセスを見る限り、問題は見受けられないが、同じトリチウムでも「福島産」というレッテルが貼られると、突然、困難に直面する、というのが、トリチウム処理水問題だ。

■首相官邸の姿勢も関係か

一連の混乱の起点には、やはり2011年、事故直後の首相官邸の姿勢が関わっている。

事故発生直後は、冷却水の注入作戦に集中していた東京電力・福島第一原発では、核燃料を安定して冷却できる状態になると同時に、原子炉から排出されてくる冷却水の汚染処理が、目前の大きな課題となった。汚染水の貯蔵タンクを急造、これにためていったが、原発サイト内の森や緑地をつぶしてタンクを並べ続けても、毎日５００トン以上増え続けるタンクが、３５０万平方メートルの敷地を埋め尽くすまでに長時間はかからないことは、誰の目にも明らかだった。

思い余った東電の幹部役員が、「この敷地だけでは処理しきれない」ことを訴えたとき、首相官邸の返答は「事故は東電の責任だ。処理は自分たちでやれ！」という、ひと言だった。

「このとき簡単に引き下がらず、事故処理の全体的な戦略を決めるよう、首相を説得する胆力を持った幹部がいなかったことが、その後、汚染水問題が混迷化する基底にある」。当時の東電役員は、「最初のボタンの掛け違いが、現在のトリチウム風評被害にまで影響を与えている」と、述懐する。はたして、放射性物質処理装置（ＡＬＰＳ）を導入、処理水増加量を減らしてはいるが、現在も１０００基の巨大貯蔵タンクが敷地を埋め、２０２２年には貯蔵限界を迎えるという、事故直後からの問題の本質は変わっていない。

■放出をめぐる二つの視点

一方で、「トリチウムの海洋放出」をめぐって、２つの視点から反対がある。

ひとつは、国際的にどの国にも共通した、反原子力政策活動の立場から発信される主張で、核エネルギー利用に反対する政治的なメッセージ。

もうひとつは、海洋放出が報道されると、福島県産の水産品に不買・買いたたきの動きが広がるなど、風評被害を恐れる地元漁業者を中心とする訴えだ。彼らは理不尽なフェイクニュース、根拠のない批判、中傷がマスコミ、ネット・メディアなどに撒き散らされ、社会的に大きな被害をこうむることを恐れている。

このような無責任な不評、英語の「Rumour」に、どのように向き合ったら良いか、福島事故直後に、事故の概要と放射線健康影響の見通しを、科学的根拠に基づいて発信し、日本にいた外国人たちのパニックを防ぐことに大きく貢献した、英国の科学コミュニケーションの工夫から、見て行こう。

福島事故後のパニックを防いだ、英国政府の貢献

■英国政府の首席科学顧問が「旭日中綬章」

「政府がきちんとメッセージを発信しなければ、科学的に裏付けのないRumours（うわさ）が飛び散る、科学者や専門家の中にもおかしな連中はいるので、彼らがネットで勝手に発信す

写真４-１　ロビン・グライムズ教授

れば、市民社会はさらに混乱する。流言飛語による社会のパニックを避けるためには、Authority（オーソリティー）がまず、きちんと発信することが大切なのだ……」（ロビン・グライムズ Robin Grimes・インペリアル・カレッジ・ロンドン教授）（写真4-1）。

２０１１年3月15日、日本時間の夕刻、ジョン・ベディントン（John Beddington）・英国政府首席科学顧問は、ロンドン市中心部の科学技術局のオフィスと、東京・半蔵門の英国大使館をインターネット回線の電話で結んで、会見を行った。

２０１１年3月11日に発生した東日本大震災に伴う、東京電力・福島第一原子力発電所の爆発事故。その最大の混乱期だったが、ベディントン顧問は、想定される福島事故の見通しと最悪ケースの予測、放射線被害を避けるアドバイスを、だれにでもわかる言葉で答えた。

「原子炉で、核燃料の冷却が進まなければ、皆さんよくご存知の言葉、「メルトダウン」が起きます。しかし、これに伴う爆発があっても、チェルノブイリ事故に比べれば十分の一程度の被害。放射性物質の飛散する地域は原発周囲に限られ、30キロメートル離れれば、健康への影響はありません。風向きや天候を考えても、東京から逃げ出すような心配は、まったくないのです」

福島事故直後に、計4回行われた「英首席科学顧問の会見」は、日本に滞在し、十分な情報がなく不安をいだいていた、英国市民に向けてのメッセージだった。

大使館内で首席科学顧問のネット会見を聴いたのは、大使館員のほか、ブリティッシュ・カウンシル、在日英国商業会議所スタッフなど、東京にいた英国人社会の代表者たち。このメッセージは、終了直後に、参加した英国市民が会見内容を要約して、フェイスブックなどのＳＮＳを通して発信した。

翌16日には、大使館も、首席科学顧問の会見一問一答の速記録をホームページに掲載し、また、会見要約を日本語に翻訳してＳＮＳに発信する英国人も現れるなど、日本の〝外国人社会〟には一斉に拡散された。

このため、日本にいた英国人以外にも、多くの国の人たちもこの情報を共有、東京から脱出しようという動きは出なかった。さらに、いったん日本から逃げ出すなどした各国スタッフも、英国政府の発表内容を理解して、日本に帰還する人たちが増えた。

東京から外国人が一斉に消えて、パニックが深刻化する……という最悪の事態を避けるうえで、ベディントン顧問のメッセージは大きな貢献をしたのだ。

これらの功績から、ベディントン顧問には２０１４年、日本政府から「旭日中綬章」が贈られているが、英国科学顧問の果たした重要な科学コミュニケーションは、日本国内ではあまり知られていない。それは、英語での発信であったことと、日本語のメディアである大手の新聞社、テレビ局が報道しなかったことが背景にある。

3月15日前後の一面、社会面などのニュース面は、驚異的な津波の被害と、連続する原発爆発の記事で埋まっていたからだ。「被害は限定的だ」とする英政府の発信は、ニュースとしての競争力に劣った。掲載する紙面のスペース、ニュース放送枠が、なかったのだ。その結果、英国科学顧問の発表がまとまって伝えられたのは、5月末。ベディントン顧問が初来日してからだった。

結果的に、福島事故の経過は、英国首席科学顧問の見立ての通りに進んだ。

米国のグレゴリー・ヤツコ・原子力規制委員長が3月16日、福島原発4号炉の使用済燃料プールに冷却水が無くなっていると誤解し、50マイル（80キロ）の退避勧告を発信。その後「30

キロ退避で十分」と、英国や日本と同じ見解に修正したものの、日本国内では一部に「日本の大半が住めなくなるほどの事故だった」、「福島事故は史上最悪の原子力事故だ」など、実態を無視した評価も飛び交った。

しかし、国際的には、英国政府の的確な事故概要の把握と、適時メッセージの発信は、科学コミュニケーションの成功例として高く評価された。

ベディントン顧問は、もちろん、これを一人で成し遂げたのではない。

■緊急時科学者助言グループ（SAGE）

英国政府には、首席科学顧問を支える「緊急時科学者助言グループ（SAGE）」があり、3月15日は、さまざまな領域から計23人の専門家が参加した。事故の予測と、放射線の拡散影響を検討し、最も合理的な予測結果をまとめていたのだ。これを、首席科学顧問が一人で発表する——というスタイルを取った。

この助言グループで重要な役割を果たした一人に、インペリアル・カレッジ・ロンドンのロビン・グライムズ教授がいた。現在は、英政府国防省の首席科学顧問を務める。冒頭の文章は、私がインタビューした際の、グライムズ教授の返答である。

ベディントン顧問の福島事故の被害予測発表から半年後の2011年9月、ロンドン市内、インペリアル・カレッジの教授室を訪れた。

福島事故最悪予測を発表した際、「〈被害は限定的。逃げなくて大丈夫だ〉という勧告に確信はあったのか？」。インタビューの冒頭でまず、これを尋ねた。

「首席科学顧問のアドバイスは、〈１００％確実〉なものではなく、〈最も適切な（Most Suitable）〉助言なのだ。今回の福島事故予測でも、示したのは〈Reasonable worst case scenario（科学的な根拠に基づく最悪予測）〉であって、〈確実な予測〉ではない。ただそれを、まず政府、オーソリティーが発信することが大切なんだ」

これが、グライムズ教授の答えで、冒頭のコメントにつながってゆく。

「パニックや風評被害を防ぐために、闇雲に発表すればよいというものではない。科学的なアプローチに基づいて、ＳＡＧＥを中心とした専門家集団が首席科学顧問の周囲に集まり、データを吟味したうえで決定される。発表内容に、もし違っているところがあったら、次々と修正すればいいじゃないか。まず、社会に向けて発信し、混乱を防ぐことが重要なのだから」

3月15日といえば、福島原発の1号機が12日、３号機が14日に水素爆発を起こした直後。英国ではどのようなデータに基づいてこの判断を得たのだろうか。

「日本政府からも、東京電力からも、信頼に足りる情報は何も入ってこなかった。でもＩＡＥＡなど、国際機関には各国の原子炉が今、どのような状態にあるのか、核燃料の燃焼割合も含めて、情報共有している非公開データがある。これらをもとに、運転停止後の原発で、核燃料の冷却に失敗した場合、どのような現象が起こるかを、被害の少ない予測から、非常に深刻なケースまでを並べてみた。そしてどのあたりが〈最も現実的（Most Reasonable）か〉検討した結果を、「最悪予測」として発表したのだ。繰り返すが、社会のパニックを避けるために最も重要なことは、オーソリティーがまず、科学的な判断に基づく情報を発信することだ」（グライムズ教授）

これを聞いて、私が「日本では、英国とまったく逆な方向に進み、社会の混乱を起こしてしまった……」と言うと、グライムズ教授はうなずきながら、「実は英国も、１９９０年代の〈狂牛病（ＢＳＥ）〉の騒動のときには、日本と同じコミュニケーションの失敗を繰り返し、社会が大混乱、さまざまな風評被害を巻き起こしていたのだ」と、教えてくれた。

狂牛病（ＢＳＥ）事件からの学び

■ＢＳＥの失敗から学んだことは何か

脳機能障害を起こす感染症ＢＳＥを作り出し、英国をはじめ世界各国に撒き散らした、１９９０年代の狂牛病騒動の発端は、英国の科学者の判断ミスと、行政のコミュニケーションの失敗だった。

「政府や科学者の言うことは、まったく信用できない」という深刻な不信を招き、英国社会を揺らす大事件に発展した。この混乱の中で、多くの人たちが、科学コミュニケーションの大切さを学んだのだという。

きっかけとなった狂牛病は、病原体を含む飼料（肉骨粉）を食べさせた牛に、脳・中枢神経の機能が失われる感染症が拡がった事件。１９８０年代から畜産業界で事例が報告されていたが、専門家は当初、人間には感染しないと判断。政府も対策を先送りしていた。ところが１９９６年になって、英国政府は突如、人間にも感染する病気だと認定、社会的な混乱が巻き起こった。

その結果、延べ１６９人の死者を出す一方で、対策が遅れる間に、病原体を含む飼料が世界中に販売され、日本を含む30カ国・地域にＢＳＥが拡散した。人間の犠牲に加えて、世界の畜産業に与えた影響は甚大で、英国の国際的な信用も大きく失墜した。

この失敗によって失った信頼をどう取り戻すか、また、科学と社会との分断を防ぐことの重要さも認識されるようになった。具体的には、「科学界」、「政府」、「市民」、そして「メディア」をどう結びつけるか、その拠点として、インペリアル・カレッジ・ロンドンに「Science Communication」の大学院が設けられ、実践的な試みが始まったのだった。

行政の信頼を取り戻すために、英政府はBSE行政のどこで、どのような誤りがあったのか、これを検証するため、政府と独立した形で「BSE調査特別委員会」を設置、行政官を含む多くの関係者に詳細なインタビューを行った。事情聴取する公務員や関係者に対して、調査委員会は、事前に「責任追及（culpability）からの免除」を約束した。責任を問うことよりも、事実を把握することを優先した結果、問題点の所在がより明確になったのだった。

２０００年にまとめられた「調査特別委員会報告書（BSE Inquiry Report 2000）」は、失敗のプロセスが克明に記録され、同時に、そのポジションに次に就くスタッフは、何を注意しなければならないか、そこから得られた教訓は何か――など、問題の本質を克明に示す貴重な記録となった。これを公開し、多くの市民の批判に答えることによって、信頼回復のプロセスが動き出した経緯がある。

一方で、政府の「首席科学顧問」制度も、社会と政府、科学界をつなげ、「（根拠のないうわさによる）社会の混乱を防ぐ」というねらいで、整備されてきたものだった。

今回の福島事故への対応は、２０００年以降、政府と首席科学顧問の連携強化が積み重ねられた末に、「ようやくうまく行ったケースのひとつ」（グライムズ教授）だという。

英国政府には現在、18省庁それぞれに、「首席科学顧問」がいる。政府首席科学顧問を囲んで毎週一回、午前中にブランチを食べながらのミーティングが開かれ、緊急時への準備も含めて、稼働している。

サイエンス・メディアセンターの役割

科学とジャーナリストの架け橋

狂牛病の混乱への反省から創出されたもう一つの組織が２００２年、科学者と社会を結ぶ目的で開設されたＮＰＯ組織、「サイエンス・メディアセンター（The Science Media Centre）」だ。

科学者の研究情報や成果を集めた情報センターとして、科学界とジャーナリストを結ぶ役割を果たす。併せて、専門家が社会に説明責任を果たすうえでの橋渡し役をし、また、市民が科学的な根拠に基づいたメッセージを受け取ることができる場としても、機能している。

具体的には、科学情報が実態を超えてセンセーショナルな報道のされ方をしたようなときに、見出しなど表現方法をめぐってその報道機関と協議し、ニュースが市民に誤解されないようフォローするのも大きな役割だ。サイエンス・メディアセンターのホームページには、連日、新着の科学発表について、情報をいち早く発信することと同時に、その研究や発表が、科学の中ではどんな評価を受けているのか、また、社会にどのようなインパクトがあるのかを含めて、解説している。

ケースによっては、センターとして、批判的な見解を発信することもあり、事実とかけ離れた情報が社会に飛び散ることを防ぎ、風評被害の原因にならないような努力が続けられている。こうした作業には、ベテランのジャーナリスト・スタッフを抱え、また、資金的に政府や特定企業から独立していることが、欠かせない要件となる。

財政的な独立性を担保するため、一つのスポンサーから5％を超える資金援助を受けない、というルールがあり、現在、政府も含めて160を超える企業、財団、大学などから、年間計約8500万円の寄付を受けて運営されている。

フィオナ・フォックス（Fiona Fox）代表は、もともと左派の論客として著名な女性ジャーナリストで、2002年の設立時からセンターを率いている。センターの活動に、疑似科学や科学の〝フェイクニューズ〟に対してアグレッシブな対決姿勢が感じられるのも、フォックス代表のキャラクターによるものだ（写真4-2）。

2019年7月、スイスのローザンヌで開かれた「科学ジャーナリスト世界会議（WCSJ2019）」にも、英国サイエンス・メディアセンターのスタッフと一緒に参加していた。「科学広報の担当者は、真実の提供者か、もしくはダマシのマスターか？」というセッションのファシリテーターを務め、科学・技術情報がメディア、あるいはサイエンスコミュニケーシ

写真 4-2 フィオナフォックスさん（中央）が司会をした科学ジャーナリストセッション

ョンの領域で不適切な伝えられ方をしたケースや、おかしな受け止められ方をした実例などをもとに、ジャーナリスト、行政官、企業の広報担当者をまじえて、活発な議論を引き出していた。

新型コロナウイルス感染症（COVID-19）のパンデミックが広がった2020年以降も、サイエンス・メディアセンターでは、おかしな見出しを使った記事や、表現が不正確な記事、扇情的な発信について、スタッフが個別に報道機関やジャーナリストにコンタクトし、適切な表現方法がないか討論するなどの地道なアプローチを続けている。

フォックス代表は、同センターのサイトで積極的に発信、「危機を煽る科学者と、センセーショナルに伝えたいメディアとの組み合わせが、社会に決定的な混乱をもたらす……」と冷静に指摘している。

さらに、英国で死者が出る前から新型コロナウイルスのことを、「殺人ウイルス（Killer Virus）」と名付けたり、また「蛇がばらまくウイルス（Snake Flu）」という根拠のない見出しを立てる記事には、同センターが編集者に直接アクセスして、変更してもらうなどの働きかけを続けていることを表明している。

これらは、風評被害の根源がどこにあるのか、それを低減するためにはどのような努力が求められるかの一端を示す意味で、興味深い。

英国のサイエンス・メディアセンターの活動に関しては、「政府の科学政策のお先棒を担いているに過ぎないのではないか……」などの批判がある。その一方で、社会と科学をつなげる機能が注目され、サイエンス・メディアセンター機能はオーストラリア、ニュージーランド、カナダ、ドイツなど各国に拡大している。

一方、日本では2010年、政府予算で早稲田大学内に〝サイエンスメディアセンタージャパン〟という法人ができたが、明確なコンセプトが示せなかったことや、多様な財源を確保することができず、活動も停止状態だったが、文科省予算の復活で、2021年4月から、研究紹介など一部の活動を再開させている。

ワクチン問題と相似

■今も続くワクチンの副作用問題

とはいえ、英国のコミュニケーションも、すべて上手く行っているわけではない。遺伝子組み換え問題では、チャールズ皇太子が科学の判断とは別に「技術利用反対」を訴えているし、気候変動問題では、ＩＰＣＣ（国連気候変動政府間パネル）や科学者はデータをごまかしている――との批判を払拭し切れていない。

今も続く混乱の代表的な例は、ワクチン副作用問題だ。

英国のウェイクフィールド（Andrew Wakefield）医師が１９９８年、ランセット誌に発表した「三種混合（ＭＭＲ）ワクチンの接種は自閉症児の発生を増やす」という論文が、世界の「ワクチン反対運動」を巻き起こした問題だ。

この論文が虚偽だったことを立証した英国医学界は、同医師の資格を剥奪し、「ワクチンのリスクはゼロではないが、〈自閉症を増やす〉という指摘は誤り」とするコミュニケーションを発信し続けているが、ウェイクフィールド元医師が巻き起こした「ワクチンに関する風評被害」は世界に伝播した。この結果、麻疹や子宮頸がんワクチンなど、ワクチン接種が滞り、国際的な感染症対策の大きな問題となっている。

世界的に一時、制圧が近かったハシカ（麻疹）など、数年前から欧州、アジア、アフリカなど再流行を繰り返す国々が広がり、日本国内でも注意喚起される問題となっている。

くだんのウェイクフィールド元医師は、活動拠点を英国から米国に移し、2016年には、反ワクチン運動を訴える映画「MMRワクチン告発（原題Vaxxed）」を制作、これを手がかりに、反ワクチン運動を進めている。

自閉症の家族を持つ著名な俳優・映画監督のロバート・デニーロ（Robert De Niro）氏が主催する「トライベッカ映画祭」で初上映される予定であったが、「内容が疑似科学に基づく」とする米国メディアの反対を受け、デニーロ氏が上映を中止した経緯がある。

日本でも上映の動きが起きたが、反対の意見を受けて上映はされなかった。さらに翌2017年、フランスのカンヌ映画祭にも持ち込まれ、このときは関係者の間で上映されている。その元医師は2020年、英国に戻り、反ワクチン運動家らに歓迎されたが、新型コロナウイルスのリスクはインフルエンザと変わらず、驚異論は虚偽だ、と述べるなど、ワクチン不要論を発信している。

風評被害を防ぐ手がかりは政策決定者と科学的助言

政府に対する科学的助言に関する国際ネットワーク

これらの実例が示すように、風評被害の発生と、科学的根拠を無視した疑似科学、また、科学を無視した政治的アジテーションとの関わりは大きい。混乱の解決には、英国の例でも、政策決定者（立法・行政府）、科学界、そしてメディアの連携など、多角的な試みが必要なことが見える。

そのなかでも近年、国の政策決定に際して、適切な科学的助言が欠かせないことが、注視されるようになっており、２０１２年、科学的助言制度の普及を進める国際的な組織、「政府に対する科学的助言に関する国際ネットワーク（International Network for Government Science Advice: INGSA）」が発足、日本も２０１８年、東京の政策研究大学院大学を会場に、第３回会合を主催している。

政府の科学顧問とそれを支えるシステムは、福島原発事故以降、日本でも必要性が指摘されていたが、〝官邸・内閣府主導〟の人事が強まる中、霞が関の行政官たちの「マナー」にはなじまなかったようだ。ところが、２０２０年の新型コロナウイルス・パンデミックによって、改めてこの科学者・専門家と行政の関係が注目され、環境整備への動きが出始めた。

「科学的思考法」あるいは「科学的評価」を身近に感じる世代と、現在の国政、行政の中枢を担う世代との間には、大きなカルチャーの溝がある。データや科学的根拠に基づいて説明し、社会の理解を得てゆく——という手法を、まったく学んでこなかった世代が、時代の動きに連動できなくなり始めているのだ。

また、これまでの政府の「審議会」や「検討会」は、専門家をまじえての開催で公正な行政判断のプロセスを経たと見せかけ、内容は行政官が自在に決めている、という批判も絶えなかった。

ところが、新型コロナウイルスの感染拡大で、ウイルスや感染症の専門家の判断を無視できなくなり、「科学者たち」との距離感を設定し直すことが、閣僚や行政官にも求められるようになった。

これまでの首相答弁では、例えば、福島事故後の原子力発電の再開に関して、「(原子力規制委員会の)お墨付きがあれば、再稼働できる」と繰り返してきた答弁も、2021年に入ってから、菅首相の答弁は変化しており、「新型コロナウイルス専門家会議の判断が示されれば、それに基づいて私が決める」(2月2日、首相会見)、という表現になってきたのだ。〝当事者意識〟が希薄だった首相答弁から、判断の当事者は首相だという意識への変遷が見て取れる。

科学的助言にどのように向き合うかを意識せざるを得なくなった、これは新型コロナウイルス・パンデミックがもたらした、科学コミュニケーションの新しい様相と言える。

首相や閣僚の会見には、「基準値を下回っているから」「十分効果が上がった」など、データや根拠を明確には示さない、不明確な答弁が多いが、若手の国会議員には、科学、技術系出身の人材も増えており、また、自治体の首長にも、科学的根拠に基づいての説明を意識する人たちが現れている。

政策判断と科学的助言の連携は、世代交代とともに進みそうだ。

オーソリティーの発信力と適切な情報を届ける工夫

■信頼できる科学者の紹介

政策決定者、そして科学者、それぞれのオーソリティーが、価値観やインパクト、方向性などを明確に発信することが、パンデミックの回避には欠かせないと思う。日本では、一端を担うべき「日本学術会議」に、こうした集約的な発信能力が無くなっており、それが混乱を助長していることも否めない。

福島県の被災地域をたびたび訪れている、インペリアル・カレッジ・ロンドンのジェラルディン・トーマス（Geraldine Thomas）教授（放射線・公衆衛生）は、県内の土壌環境や農水産物について、「現状では健康への長期的な影響はない」と繰り返し述べて、世界的な風評被害の拡大を防いでいる（写真４-３）。

科学界にも、色々な意見、主張を展開する専門家がいる、そうした中で、どのように「意味ある科学的発信」を続けるか、彼女から聞いた英国科学界の工夫が、参考になると感じた。

「英国にも、困った発言を繰り返す科学者、専門家たちはいます。一方で、私たちはメディアの質問に対して、すべての専門領域に、すぐに答えられるわけではない。こうした間隙を縫って、極端な言説がメディアに拡散されると、多くの市民が迷い、社会的な風評被害につながるという事態を、英国も欧州も、何度も経験しています」

科学者たちが、「自分の専門分野ではないから」とメディアに任せてしまうと、適切ではない〝専門家〟が選ばれるリスクがあるという。一例が、市民団体「欧州放射線リスク委員会」科学担当委員の、クリストファー・バズビー（Christopher Busby）氏で、メディアに積極的に出演して放射能の恐怖を発信している。

また、元ＷＨＯの放射線・公衆衛生顧問、キース・ベバストック（Keith Baverstock）博士も、同じく放射線の危険性を強く主張していた。そこで、トーマス教授らは、「信頼できる科学者」を紹介し合うネットワークとして、「ニュークリア・アカデミック・グループ」を組織したのだ。

原子力研究関連学部を持つ大学の連携組織として、「ニュークリア・ユニバーシティーズ」があるが、福島原発事故をきっかけに、原子力に関するメディアの質問に答えられるよう、同組

写真４-３　ジェラルディン・トーマス教授と筆者（研究室で）

織内に、理学・工学系の研究者だけでなく、トーマス教授のような放射線医学の専門家らも参加するグループをつくり、さまざまな分野の科学者や専門家が、メールを通じて情報交換している。

ニュークリア・アカデミック・グループは非公式の連絡会で、英サイエンス・メディアセンターが取材の窓口を兼ねており、メディアから同センターに原子力と放射線について問い合わせがあると、テーマに基づいて、適切な専門家を紹介している。実際の取材を重ねて、研究者と記者らとの信頼関係ができれば、その後は、直接ジャーナリストが専門家にコンタクトし、事実確認をしたり、談話を取材したり、直接の交流に発展するケースもあるという。

福島事故後、当時の福島医科大学の山下俊一教授が、放射線のリスク評価について集中的な批判にさらされたケースがあった。

トーマス教授は、「ヤマシタ教授は不幸な実例で、一人の科学者が集中砲火を浴びて孤立させられることがないよう、複数の科学者が連携し、それぞれの専門分野を答えるなど、分散させる仕組みが必要です」という。

BBCワールドサービスなど、ロンドンを拠点に英国と欧州の科学コミュニケーションを長く見ている科学ジャーナリスト、清水健さんは、「どの国も、極端な意見を述べたり、根拠のあいまいな言説でメディアの注目を集め、その発信の結果が風評被害に結びつく、そんな専門家・科学者を抱えています。

こうした一方で、まっとうな科学者の中には、メディアの取材を嫌がる人もいますが、それではニュース報道が活動家に乗っ取られてしまう危険性があります。専門家の知見が正しく報道や世論に反映されるうえで、英国のサイエンス・メディアセンターとニュークリア・アカデミック・グループの連携は、とても重要です」と指摘している。

■国民の前でオープンな議論

福島原発の、処理水問題に戻ろう。

風評被害を防ぐためには、オーソリティーである行政、専門家の連携、そしてメディアの発信が欠かせない。国際原子力機関（ＩＡＥＡ）のグロッシ事務局長は2021年2月、日本政府の方針が決まれば、海洋で放射性物質の環境測定を行うなど、風評被害対策をサポートする用意があると、語っている。

まずは、国の方針、方向性の提示が前提となる。科学的助言をいかしながら、日本政府はどのようなメッセージを国内外に発信できるのか。

福島県立医科大学などが主催し、中学・高校生に呼びかけて開かれる「ふくしま県民公開大学」がある。原発事故と放射線影響にどのように向き合ったら良いか若い人たちに考えてもらおうという、プロジェクトだ。２０１８年、この企画のお手伝いに行ったとき、内堀雅雄・福島県知事と、原発の処理水について話す機会があった。

「海洋排出しようという処理水に、どのくらいのトリチウムが含まれるか、環境や人々の健康にどのくらい影響を及ぼすか、科学的な知見が信用できることは、私たちも十分理解できる。だから専門家をはじめ多くの関係者、ステークホルダーが自由に意見を交わせる、プラットフォームを用意してほしい。国民の前でのオープンな議論なしに、風評被害問題は乗り越えられないと思うのです」

ひと言に問題の本質が示されていると感じるのは、私だけではないと思う。

原発事故10年目の報道に思う

多田順一郎・放射線安全フォーラム理事（福島支援チーム）

今年もまた憂鬱な3月11日が廻ってきました。あえて憂鬱と書きましたのは、あの災害とそれに引き続く経験の記憶を、年月がせっかく朧（おぼろ）な靄（もや）で包み込んでくれようとしているのに、この季節の報道の嵐が、癒されつつある心の傷跡に情け容赦なく塩を擦り込んでいくからです。無論、災害の記憶を風化させず、将来に備えて教訓を伝承することの重要性は論をまちません。しかし、この季節の報道には、記憶や教訓の伝承と、どこか異質な色付けがあるように思われてならないのです。

多くの報道は、今なお事故のトラウマに苦しみ失われた生活や事業に執着なさっている方など、再建や復興から取り残された方々に焦点を当てる一方、この10年間の努力で生活や事業を立派に再建なさったり新たに起業して前進なさったりしている方々にも、福島で普通の生活を平穏に送っていらっしゃる大多数の方々にも、目を向けることが甚だ少ないように思われるからです。

筆者は、定年直後の２０１１年4月に、筆者の所属する放射線安全フォーラムで当時副理事長だった田中俊一・前原子力規制委員長の呼びかけに応じ、主に福島県中通りの県北地域を中心に現地のお手伝いを続けてきました。現役時代、大規模病院や大型加速器施設などの放射線管理をしてきた筆者は、従来の放射線防護体系がほとんど考慮してこなかった低線量放射線の社会的影響と、その影響を当時の政府が実施した札束をばら撒く政策が増幅していくさまを目の当たりにし、インターロックさえ正常ならば放っておいても何の悪さもしない放射線源を、法令に従い「もったいぶって」管理し続けた収入で家族を養ってきた罪滅ぼしに、とうとう今日までささやかなボランティア活動を続ける結果になってしまいました。

筆者も「人が犬を噛む」式の当たり前でないことを伝えたがる報道の習性は承知しておりますが、筆者が現地で見聞きしたことに照らして、果たしてこうした報道で福島の現状を正しく伝えられるのか、と首を傾げざるを得ません。福島の住民の多くが、未だに放射線や放射能や健康影響に不安を抱えているというアンケート調査もしばしば引用されますが、この種のアンケート調査が質問の仕方でバイアスが生じやすい点は措くとしても、アンケートの結果は、巷で耳にする会話と、かなり懸け離れているように思われます。

帰還困難区域でわざわざ地面のホットスポットに線量計を当て、「10年経っても放射線はこんなに強い」と演じて見せる報道もありました。しかし、帰還困難区域内の大部分では、すでに放射線の強さが避難指示の基準だった「1年間で20ミリシーベルト」をかなり下回っています。

それでも帰還困難区域の指定を解除できないのは、当時の民主党政権が、放射線環境と無関係な「インフラの整備」と「住民の合意」を避難指示解除の条件に付け加え、放射線レベルが下がっていても「除染しなければ解除しない」という不条理な方針がある結果に過ぎません。しかし、そうした事実関係を明確に説明する報道はついぞ見掛けたことがなく、福島はひどく汚染されたまま、という誤ったイメージが定着してしまうのではないか、と懸念せざるを得ません。

報道が「福島はこんなものだ」と想定している（らしい）ステレオタイプのイメージは、ちょうど広島や長崎で原爆を被災された方々に貼られた「ヒバクシャ」というレッテルと同じように、福島で暮らす人々や事故のとき福島に住んでいた人々に理不尽な差別をもたらすのではないか、と真剣に案じております。

この本のテーマであるトリチウムを含む処理水の放流も、本来、安全上の問題がないことが科学的に評価され、国際的な合意に基づく排水基準があるにも関わらず、放流を決断する責任を負うべき歴代の経産相や総理が、不人気な決断をする気概や勇気に欠けていたため、延々と問題を先送りし、あまつさえ、反対意見を主張する人々以外わざわざ発言に来るはずのない公聴会や意見聴取を繰り返して、ますます決断をし難い状況を作り出してしまいました。先日漸く放流を閣議決定できたようですが、首相府に座っているのが、Margaret Thatcher や

Angela Merkelだったらこんな無様な事態になる何年も前に、さっさと放流を始めていたでしょう。政府の逡巡と不決断のツケは、何千億円という無駄な出費となって国民に被さってきますが、羊の如く大人しいこの国の国民は唯々諾々とそれを支払うことでしょう。政府の放流決断の発表に対して、我が国の原子炉よりトリチウムの発生量が桁違いに大きい重水炉（ＣＡＮＤＵ炉）を動かしている韓国や、40基以上もの加圧水型発電炉（これも沸騰水型よりトリチウムの発生量が多い）を動かしている中国の政府が、自らがトリチウムの混じった排水を垂れ流していることを棚に上げて我が国を批難していますが、そんなことで政府の決断が揺るがないことを祈ってやみません。

我が国のメディアの中にも、処理水の放流が健康影響を起こさないことを知りつつ、いろいろな方面への忖度から、二言目には風評被害への懸念を口にして寝た子を起こすような報道を繰り返すものがありますが、ジャーナリズムとして先日筆者のもとに届いた福島県立安積高等学校新聞の記事の足元にも及ばないと言うべきでしょう。

第5章

「サウンドバイト」と「痛み」の分かち合い

小島正美　食・健康ジャーナリスト

「利他心、寛容、連帯、市民精神は、使うと減るようなものではない。鍛えることによって発達し、強靭になる筋肉のようなものなのだ」（マイケル・サンデル著『それをお金で買いますか市場主義の限界』（早川書房）から）

冷たい科学よりも義侠心か

■松井大阪市長がトリチウム水で協力姿勢

処理水の放出問題を解決する手段として、リスクの大きさを冷静に分析して分かってもらう西欧流のリスクコミュニケーション（科学コミュニケーション）は、どこまで効果的なのだろうか。日本の現実にあてはめてみると、それだけでは限界があるような気がする。

これまで遺伝子組み換え作物やゲノム編集食品、HPV（ヒトパピローマウイルス）ワクチン、BSE（牛海綿状脳症）、残留農薬などのリスクをめぐる議論を、一記者として見てきたが、とても成功しているとは思えない。

では、何が必要なのだろうか。

「痛みを分かち合う共感の輪」をつくり出すという、ごく常識的な倫理観に訴えることだ。小難しい論理を振りかざすよりも、シンプルな共感を呼ぶ行動のほうが他の人々の行動変容を促す力は大きいのではないか。

実は、この良い例がすでに処理水問題で見られていた。

２０１９年９月、処理水問題の解決が暗礁に乗り上げそうになったときのことだ。「日本維新の会」の松井一郎・大阪市長は９月17日、記者団に対して、「未来永劫タンクに水をとどめおくことは無理なのだから、処理をして、自然界レベルの基準を下回っているものであれば、科学的根拠をきちんと示して、海洋放出すべきだと思っている。まずは政府が国民に丁寧に説明をして決断すべきだ」と述べた。

さらに記者から「海洋放出に大阪として協力する余地はあるのか」の質問に対して、「持ってきてもらって流すのであれば、協力する余地はある。科学的にだめなものは受け入れないが、まったく環境被害のないものは国全体で処理すべき問題だ」と述べた（２０１９年９月17日のＮＨＫニュースから）。

松井市長が「大阪湾への放出に協力する考え」を示したことは、いずれどこかに放出しなければ、前に進めないジレンマのある問題に対して、「みなで協力して解決にあたる」ことの重要性を指摘した点で大いに共感を呼んだはずだ。松井氏の考えが用意周到に考え抜かれたものかは分からず、どこまで信じてよいかの疑問は残るものの、「痛みを分かち合う」ことの大切さは伝わったはずだ。

政治家が処理水問題の解決に努力したところで、おそらく選挙では得票には結びつかないだろう。だからこそ、「痛みの分かち合い」は価値をもつ。

■細野豪志氏は大阪の義侠心に感謝

この松井市長の言説に反応したのが、２０１１年の震災当時、旧民主党政権で内閣府特命担当大臣（原子力防災）だった細野豪志氏（現在は自民党会派）である。細野氏は朝日新聞の論座（デジタル版）で「トリチウム水は海外でも放出されている。福島からは放出を認めないということであれば、それは取りも直さず福島に対する差別だと思う」と述べたあと、松井市長と吉村洋文・大阪府知事から、安全が確認されれば処理水を大阪で放出するとの提案がなされ、「実現は簡単ではないが、提案はありがたい」と心境を述べた（朝日論座・２０１９年11月17日・筆者で要約）。

続けて、細野氏は次のように述べた。

「3・11の直後、岩手県、宮城県の瓦礫の広域処理の際、環境大臣であった私（細野氏）にとって、風評被害を乗り越えていち早く大阪が受け入れを表明してくれたことは本当にありがたかった。瓦礫と異なり、物理的に処理水は地元で処理できるが、風評被害を乗り越える困難さは同じだ。私は、再び大阪が示した義侠心を重く受け止めたい」（同２０１９年11月17日・筆者で要約）。

義侠心とは、困った人を見たら、放っておけない自己犠牲的な精神を言う。なんのことはない。困ったときは、お互いに助け合うことの大切、ありがたみを細野氏は強調しているのである。細野氏が感じた共感は、他の国民にも伝わるはずだ。感情と共感は連鎖するからだ。

細野氏は２０２１年３月４日に行われた日本記者クラブ主催の会見（オンライン）で登場し、再び記者に向けて持論を熱く訴えた。「選択肢は海洋放出しかない。タンクの増設は新たな廃物を生み出すだけだ。このまま陸上保管しても、地震のような大災害に脆弱だ。現場では１日に2回、１０００基以上のタンクを見回っており、大変な労力を強いている。転落して死亡した人もいる。トリチウム以外の放射性物質が除去された水は『汚染水』ではないので、汚染水を流すという言い方の報道はやめてほしい。福島だけで放出を認めないのは福島への偏見だ」（筆者で要約。細野氏は著書『東電福島原発事故 自己調査報告』（徳間書店）も刊行している）。

ちなみに汚染水の呼び名に関しては、朝日新聞は「汚染水の処分」（２０２１年３月７日の記事の見出し）を見出しに使い、毎日新聞も「汚染処理水処分」（２０２０年9月20日）との見出しを使っている。両紙とも「汚染」という言葉が好きなようだ。

細野氏の言説にあったように、科学用語を駆使した科学コミュニケーションよりも、こうした国民の義侠心や倫理観に訴えるほうが、日本人の心情にあったコミュニケーションツールにも思える。行動経済学的な観点から見ても、周りのみなが世に役立つ良いことをやっている姿を見れば、自分も何かひとつくらい良いことをやってみよう、と思う誘因が高くなる。これは新型コロナワクチンでも同じだ。周りのみんなが接種していれば、自分も接種してみようと思う誘因が高くなることは最近の研究報告でも見られた。

一方、「福島だけで放出を認めないのは福島への差別だ」という倫理的観点も重要なポイントになる。処理水を保管するタンクは双葉町と大熊町にある。双葉町の伊澤史朗町長は「私たちの故郷だけが、皆さんが嫌がるものを引き受け、重荷を背負い続けなければいけないのか。お叱りを受けるかもしれないが、苦しみや痛みは分け合うべきだと思う」（2020年12月18日のヤフーニュースに掲載された福島中央テレビ10月16日放送から引用）と述べている。

伊澤町長は「お叱りを受けるかもしれないが」と前置きした。痛みを分け合ってほしいと訴えるのに、なぜ、「お叱りを受ける」という低姿勢の心理が働くのだろうか。日本人の心情として自ら「助けてほしい」とは、なかなか言いにくい国民性がある。だからこそ、松井大阪市長のように、言われる前に「助け舟」を出すことが必要だ。

■処理水をみなで分かち合う方式はどうか

この本の２章で科学ジャーナリストの鍛治信太郎氏は「もしも東京湾に流すことを公約にする都知事候補がいたら、都民の一人として１票を投じようと思う」と書いている。

まったく同感である。

松井市長が協力の姿勢を記者団に見せたことは、「安全なら、騒ぎ立てて風評を引き起こすのではなく、みんなで放流の責任を分け合って、福島の復興に協力するんだ」という空気をつくることにつながるものだと思う。

例えば、原子力発電所の恩恵を受けてきた首都圏の自治体が、それぞれ一つ分のタンクを受け持つのはどうだろうか。仮に東京、千葉、埼玉、神奈川がタンク一つ分の処理水を受け持ったところで、１０００基には到底及ばないが、それでも共感の輪は広がるはずだ。みなが放出に加われば、風評も減るだろう。それとも逆に全国の海へ流したら、風評は全国に拡大するのだろうか。まさにリスクコミュニケーションの真価が問われそうだ。

処理水の放出問題は、単に東京電力と政府と地元漁業関係者の同意があれば、達成できるものではない。処理水問題を海外に報じる海外特派員も含め、国民の多くが「これなら、海へ放出しても大丈夫かな」と思わせるような空気を醸成することが必要だ。そういう意味では、政治家からの援護射撃はもっと必要だろう。

この問題は、米軍基地の負担を沖縄県だけ（もちろん実際には沖縄県だけが負担しているわけではないが）に負わせるのではなく、みなで負担を分かち合うべきだという考え方と相通じる。日本が独自に軍隊を増強して自主防衛しない限り、現状では米軍に依存した外交関係を維持していくしかない。つまり、日本のどこかに米軍の基地を置くことが必須なのであれば、みなで負担を分かち合うしか方法はない。

ただし、福島の処理水を他の海へ放出してはいけないという国際原子力機関（ＩＡＥＡ）のルールがあるとも聞く。もしそうならば、政府は早くそのことを知らせるべきだろう。

■ＨＰＶワクチンも同じ構図の問題か

原子力問題とは違うが、これと似た構図は、子宮頸がんを予防するＨＰＶ（ヒトパピローマウイルス）ワクチンの接種問題にもあてはまる。世界中で実施されている接種がなぜ、日本だけが停滞しているのかという構図だ。

すでに豪州やスウェーデン、英国など海外ではＨＰＶワクチンの接種によって、女性の子宮頸がん（正しくは子宮頸がんになる前の前がん病変）が確実に減り始めている。子宮頸がんはウイルスが原因の感染症である。男女集団接種が浸透している豪州ではいずれ子宮頸がんが撲滅される日も来るだろう。

ところが、日本では接種後に中学や高校の女子たちに全身の痛みなどの症状が発生したことから、無料の公的接種が始まってわずか３カ月後の２０１３年６月、厚生労働省は「積極的な接種の勧奨を差し控える」との方針を打ち出した。これ以降、接種率は１％以下に激減し、今では接種していない世代にウイルス感染率が高いという状況を招いている。

このままだと接種していない世代は、接種済みの世代に比べて、近い将来、子宮頸がんが増えることは間違いない。

ところが、事態がここまで深刻化していても、「接種勧奨を再開しよう」（もちろん、今でも無料で接種できる制度は存続しているが）との号令をかける政治的決断は実現していない。政治家、行政官とも世間からの批判を恐れて、身動きができない状況なのだ。ワクチン問題の前進に身を投じても、選挙で当選できる得票には結びつかない。むしろ市民団体から批判されて、落選する恐れのほうが強いかもしれない。

では、世界ではごく普通に接種されているのに、なぜ、日本だけが進まないのだろうか。偏ったメディアの報道が大きな要因だと個人的には思っているが、処理水で見られた松井市長のような政治的な援護射撃がほとんどないのも要因の一つだろう。

処理水、ＨＰＶワクチンとも、共感を呼び起こす政治家の出番が待たれる。

■核のごみもトリチウムも同じ構図の問題

「痛みの分かち合い」の大切さは、核ごみの最終処分問題にもあてはまる。

だれもがご存じのように、日本の原子力発電所から発生する高レベル放射性廃棄物（核のごみ）の最終処分場が見つからず、その選定作業は難航している。よくよく考えてみると、これも処理水問題とそっくりな構図だ。

では、核のごみ処分の本質は何だろうか。

それは、誰かが、いつかは必ずやらねばならい必須の課題（一大国家プロジェクト）だということだ。原子力発電所をゼロにするとか、再稼働を認めるかどうかとか、選択の余地のある政策的な問題ではない。たとえ今後、原発の建設をゼロにしたとしても、すでに発生している放射性廃棄物が消えてなくなるわけではない。いまそこにある危機をどう解決するかという哲学的難題（アポリア）だ。

どう見ても、処理水とまったく同じだ。誰もが引き受けることを忌み嫌う国家的なプロジェクトに対して、どうやってみなで責任や義務を分かち合うのか。それが核のごみや処理水の問題なのだ。

核ごみの文献調査を引き受けた寿都町に感謝しよう

■寿都町の勇気ある行為は500億円の価値がある

核のごみを引き受ける自治体はもう永遠に現れないのではと思っていたところ、２０２０年秋に北海道の寿都（すっつ）町と神恵内（かもえない）村が、第一段階の文献調査に名乗りを上げた。

不思議だったのは、皆が嫌がり、避けて通れない難題に、寿都町が果敢な一石を投じたというのに、ほとんどのメディアは称賛のエールを送らなかったことだ。本当に不思議である。日本は民主主義と自由の国なので、処分場の受け入れ先を誰かに強制させることはできない。全国の市町村から、処分場の引き受け手が誰一人現れなければ、先送りが１００年、２００年と続くだけの状況だった。

もうだめかと思われたそのとき、北海道の寿都町の町長が手を挙げた。誰も引き受けたがらない仕事を、あえて引き受けようという勇気ある挙手だった。

寿都町の片岡春雄町長は「日本は核のごみに関してあまりにも無責任だ。一石を投じたい」（朝日新聞デジタル・２０２０年9月3日）と力強く言い放った。

国からの申し入れを受諾した神恵内村と違って、寿都町は、国からお金をもらうことだけが目的ではなく、公共的な精神と市民的な義務を果たそうとしたと私は考える。

こういうどん詰まりの状況の中では、まずは手を挙げた人に敬意を払うのが、この国の住人のモラルだと思うが、メディアからは「よく手を挙げてくれました」と称賛すべき言葉は一切ない。逆に非難する論調が目立つ。

例えば、メディアの論調はこうだ。

「自治体を多額の補助金で誘導するような方法で安全で国民が納得できる最終処分場を選べるとは思えない」（河北新報・２０２０年10月14日付）。「鈴木北海道知事は『ほおを札束ではたくようなやりかた』と疑問を呈する」（朝日新聞・２０２０年９月21日付）。

みなが忌み嫌う国家プロジェクトに対し、協力してもよいと勇気ある決断を下した片岡町長に対して、何という冷酷な仕打ちだろう。

この申し出（文献調査に応じること）に対し、国の拠出額は20億円だという。どう見ても低すぎる。この難題に一石を投じた人が過去に誰ひとり現れなかったことを考慮すれば、１００億円でも安すぎると思う。あまり役に立ったとは思えないコロナ禍のマスク配布でさえ４６６億円もの税金を費やしたことを考慮すれば、誰もやりたがらない難題をあえて引き受ける価値は５００億円でも安いくらいだ。20億円といえば、国民１人あたり20円、５００億円でも１人あたり５００円の負担だ。国家が直面する大問題に国民１人あたりわずか１０００円の負担で解決できるなら、１０００億円でも安いだろう。いまだ自立したエネルギーとはいえない太陽光発電を買い支えるために、国民が年間2兆〜３兆円を負担（再生可能エネルギー発電促進賦課金）していることを考えると、20億円の拠出金はどうみても非礼にあたるだろう。

■日本は困難なときに団結できるのか

松井市長の処理水の放出に協力する姿勢は共感を呼んだ。ならば、寿都町も同じように共感を呼んでよいはずだ。

避けて通れない難題に一石を投じた片岡町長に対しては、それまで傍観者を決め込んでいた私たち国民は次のように言うべきではなかろうか。

「私たち国民は何もできませんが、せめて寿都町のみなさんがその町で末永く安心して暮らせるような町づくりの実現にお手伝いしたいと思います。そのために今後１００年間にわたり、私たちの納めた税金から、毎年20億円をお使いください。これは痛みの分かち合いであり、決して札束でほおをはたくのではありません。私たちの感謝の印としての寄付であり、誘導するためのお金ではありません」。

何の勇気も出さず、何の犠牲的な精神も払わず、何の公共心も示さなかった他の国民ができるのは、せめて寿都町の将来に対して、安心して暮らせる町づくりに協力する心（エール）ではないだろうか。寿都町は国民の協力を得ながら、世界の手本となるような町づくり（世界最先端のサイエンスシティー）をぜひ目指してほしい。地層処分場の土地をみなで買い支える一坪購入運動（1人1坪1万円）をぜひやってほしい。もちろん私も加わりたい

哲学者のマイケル・サンデル氏は『これからの「正義」の話をしよう』（早川書房・15ページ）で「良い社会は困難な時期に団結するものだ」と言っている。つまり、公益のために犠牲を分かち合うという正義（道徳）が称賛される社会が良い社会というのだ。

いまの日本は、正義を称賛するどころか非難しているではないか。この光景を見ると本当に悲しいものを感じる。

片岡町長を非難したところで、核のごみは消えない。核のごみを誰かが引き受けなければならないという至上命題は厳然として、これからも存在するのだ。

2020年11月、市民団体の招きで小泉純一郎元首相が寿都町に来て、持論の原発ゼロを訴えた。世論の動向を見る限り、どのみち日本は脱原発に向かうだろう。いま訴えるべきは原発ゼロではなく、いま直面している核ごみ処分の難題解決でいかにリーダーシップを見せるかである。小泉氏と片岡町長のどちらが称賛すべき行為かは、言うまでもなかろう。

10～20秒で事の本質を伝えるサウンドバイト術

■有能な広報は訓練を要する特殊な能力

意外に知られていないが、、トリチウム水問題は、核燃料サイクルや核ごみの処分場にも深くかかわっている。核燃料を再利用する再処理工場（青森県六ヶ所村にあり、日本原燃株式会社が所有する工場。使用済み核燃料からプルトニウムとウラン２３５を取り出し、原子力発電所の燃料となるＭＯＸ燃料「Mixed Oxide Fuel」に加工する工場）が本格的に稼働すれば、大量のトリチウムを含む処理水が発生する。福島で処理水の放出が解決できなければ、青森でも大きな問題になるのは目に見えている。

そこで重要になるのが広報戦略である。今後、政府や東京電力、科学者に求められるのは、いかに簡潔に分かりやすく、事の本質を伝えるかというテクニックである。テクニックは小手先の技術ではなく、３章で秋津裕さんが指摘した「訓練を要する特殊な能力」のことだ。

菅義偉総理の説明下手は、このテクニックの習得不足に一因がありそうだ。

ここでぜひ知っておきたいのが、サウンドバイト（sound bite）術である。「bite」は「かむ」という動詞だが、名詞だと「ひとかじり」「ひと口」の意味だ。つまり、サウンドバイトは、主にテレビのニュース放送で、政治家やタレントなどが話した内容の一部を切り取った発言のことだ。

あなたがテレビで30分間のインタビューを受けても、放送されるのはわずか10~20秒程度だ。自分の一番言いたかったことがちゃんと放送されることはめったにない。そういう裏事情を熟知しているアメリカの政治家は10~20秒程度で自分の言いたいことを答える訓練を受けていることが多い。

どんなことを聞かれても、10~20秒程度で簡潔に分かりやすく答える。この術を心得ておけば、テレビの恣意的な編集に翻弄されるリスクは確実に減る。何かのテーマがテレビや新聞で話題になったときには、そのテーマにかかわる関係者はこの「サウンドバイト術」を必ず体得しておく必要がある。だが、その肝心なことを日本の政治家や学者は意外に理解していない。

なぜ、いきなり、こんなことを言い出すかと言えば、いま政府や原子力関係者が直面している問題の大半は「説明責任」、つまり説明の仕方の稚拙さに対する批判的な声が多いことに起因していると思うからだ。

要するに、メディアを賑わせているテーマに対して、「分かりやすく明瞭な情報をすばやく発信し、人々の胸に刻みこまれるメッセージ」を日頃から常に考えておくことが広報担当の重要な任務なのだと言いたいのだ。

情報を制する者が世の中を制するのである。

■「軍事」と「自衛」、どちらが好印象か

最近、メディアを賑わせた日本学術会議（内閣総理大臣の所轄のもとで政府に政策提言などを行う科学者の組織）の新会員をめぐる任命拒否の問題も、政府の説明に国民が納得していないことが問題を長引かせていることが分かる。

２０２０年10月18日朝、フジテレビの報道番組「ザプライム」を見ていたら、サウンドバイトの好例に巡り合った。

２０１７年に日本学術会議は「戦争を目的とする科学研究には絶対に従わない決意の表明」を出している。軍事を目的とする研究が良いか悪いかと聞けば、一般的な市民感覚では「認めるべきではない」と答える人が多いだろう。

ところが、同番組に出演していた元大阪府知事の橋下徹氏は「（自分の国を守る）自衛は憲法で認められている。自衛目的の研究まで否定されるべきではない」との趣旨の見解を述べた。これを聞いていて、私は確かに「自衛のための研究なら、誰も否定できないなあ」と感心した。言葉の響き、第二次世界大戦への反省から言って、「軍事」という言葉は悪い印象を与えるが、「自衛」なら、よい印象を与える。

「軍事」を「自衛」と言い替えただけで人々の受け止める印象ががらりと変わってしまう事例だった。

案の定、その番組は視聴者にリモコンボタンを押させるアンケート調査をしたところ、88％の視聴者は「軍事目的の研究を推進すべきだ」と答えた。現政権への批判的なトーンが薄いフジテレビという媒体だという点を割り引いたとしても、橋下氏の「自衛のための研究ならよいのではないか」という巧みな説明が人の心をとらえた効果が如実に現れた鮮やかな一例だった。

巧みなサウンドバイト術はものの10秒で国民の心をとらえることがあるのだ。

国民の大半は主にテレビや新聞の報道（特に見出し）を見聞きして、ある問題やテーマに対するイメージの良し悪しを形成する。このことは原子力発電にかかわる問題にも大いに関係がある。その具体的な事例を挙げてみたい。

■菅総理が伝えたメッセージとは

2020年9月26日、新しく誕生した菅義偉総理が福島第一原子力発電所を視察した。ちょうど福島第一原子力発電所の敷地内にある約1000基のタンク群にたまり続ける処理水をどうするかが世間の大きな関心を集めていた時期だ。当然、菅総理はテレビ局のインタビューを受けた。

写真５－１　菅総理が福島原発を視察（2020 年９月 26 日）

出典：首相官邸の HP から

奇しくも、びんに入った透明な処理水を手にもった総理がテレビ画面（ＮＨＫ）に映った（写真5-1）。ここで何を言うべきかを伝授するのが、総理の広報担当の腕の見せどころである。私はいつになく緊張気味になりながら、菅総理が国民に向けて、どんなメッセージを発するのか、固唾をのんで見入った。

菅総理の言葉は「大変な作業だと思うが、安全着実にやっていただきたい」だった。

残念ながら、私の期待する言葉ではなかった。

私が期待したサウンドバイトは、「この透明な処理水は、カナダや韓国をはじめ、世界中の原子力施設で放出されているものですね。日本は世界と同じか、より厳しい基準で放出したいと考えている」という短いフレーズだった。10秒あれば、言えたメッセージだ。

もちろん、テレビで放映された内容は、菅総理の話の一部分である。私の期待に近い内容を話したかもしれないが、テレビでは聞けなかった。処理水の本質は、日本の原子力施設も含め、世界中の原子力施設で以前から海や大気へ放出されているという一点に尽きる。この事実は5秒あれば伝えられる。それを聞くだけで、処理水のことをまったく知らない国民でも「なんだ！他の国でも日常的に放出しているんだ」と即座に理解できる。

処理水を片手に語る総理のテレビシーンは奇跡的な一瞬である。その一瞬をとらえて、巧みなサウンドバイト術で国民の心をぐっとつかむのが広報担当の神髄である。広報にとって絶好の福島訪問だっただけに、メディア戦略が見えなかったことが本当に残念である。

テレビでインタビューを受けた場合は、自分の言いたいことを繰り返し訴えることを常に心がけたい。

■世界の常識は、やはり日本でも常識のはずだ

サウンドバイト術を巧みに行使するためには、問題の本質を的確につかみ、それを20秒以内の言葉で説明できることが必要になる。もう一度、処理水の本質が何かと言えば、トリチウムは身近な自然界でも発生していて、海や川、飲み水、体内にも存在すること、そして、世界中

の原子力施設がトリチウムを含む水を安全なレベルまで希釈して、海や大気に放出しているという事実だ。この処理水の放出は、放射線の低線量リスクのような面倒な学術的な論争にはなり得ないことは明白だ。

トリチウムの処理水のように世界中でごく普通に起きていることが、日本だけは特異的に危ない、ということなどあり得ない。もしトリチウムを含む水の放出自体が風評被害を引き起こすのであれば、過去に何度も世界中の原子力施設で反対運動が起きて、風評被害が発生しているはずだが、そういう事実はほとんどない。

世界の常識はやはり日本でも常識のはずだ。こういう常識的な事実を国民に繰り返し伝えていくことが情報戦の基本である。ただし「処理水を飲んでも大丈夫」という言い方はやめたい。飲料水の基準以下であっても、そもそも飲み水ではないからだ。仮に飲んでしまっても大丈夫というのと、「飲んでもよい」は意味がまったく違うからだ。

■国民の55%は「海洋放出に反対」

とはいえ、いくら巧みな広報を実行しても、それを伝えてくれるメディアの姿勢が少しは変わってくれないと成功はおぼつかない。

その点で、朝日新聞が2021年1月4日に報じた朝日新聞社の世論調査は興味深い。「処理済み汚染水の処分について（やはり朝日新聞は汚染水という言葉が好きなようだ）」と題したアンケート調査（全国の3000人を無作為に選び、郵送、2126人が回答、回収率71％）では、55％の人が「反対」と答えた。「賛成」は32％と少なかった。この種のアンケートは質問の仕方で答えはがらりと変わるが、それはさておき、半分以上が「放出に反対」という報道の裏には、国民への説明がまだ足りないというニュアンスがうかがえる。

この種の問題では、メディアはたいていの場合、「国民への説明が不足している」と書く。朝日新聞も2021年1月4日付の記事で「国民への説明が不足していると与党内からもあがっている」と書いた。

しかし、そもそも政府（総理なら緊急会見という形でできなくはないだろうが）が全国民に向かって、処理水に関する説明を行うことは不可能に近い。1章でも述べたように、NHKはもちろん、日ごろ原子力に批判的なTBSやテレビ朝日も含め、すべてのテレビ局が夜のゴールデンアワーに「政府からのトリチウム水問題に関する分かりやすい説明特集」と銘打った番組を特集してくれるならまだしも、テレビや新聞が国民の誤解を解こうとする報道を行わずして、どうやって国民に理解してもらうのだろうか。

こういうと「政府を監視するのがメディアの役目であって、政府に協力なんかしたらメディアの自殺行為だ」という批判が来るのは承知している。だが、それは、事態の深刻さの度合いによる。

いくら政府が国民に説明するといっても、限界がある。国民に知らせる伝達手段をもっているのはメディアのほうである。いろいろな意見を戦わせて議論を展開するのもメディアの役割だが、日本が直面する重大な問題（新型コロナ感染やＨＰＶワクチンはそうした事例）では、もっとメディアが建設的な提案を重視する報道をしてもよいはずだ。

現に福祉や貧困問題ではどの新聞も積極的に貧困を解消する提案報道をしている。処理水でもＨＰＶワクチンでも、できないはずはない。しかしなぜか、メディアは及び腰である。市民から反対意見が来るのを恐れているのだろうか。

■地元新聞と中央紙の違い

こうしたメディアの及び腰の姿勢は、風評被害にも言える。

風評被害が懸念されるというなら、その風評被害を抑えるために、メディア自らが風評を打ち消すような報道をすればよいのに、そういう火消し役の報道を率先して行う例はほとんど見たことがない。まるで他人事のような記事ばかりを書いている。

ところが、同じ新聞でも、福島の地元新聞はまったく異なる。当事者意識が強いからだ。

福島民友新聞社が２０２０年２月12〜15日、４回のシリーズで書いた「『トリチウム』って？」は出色の出来映えだった。福島の問題を内部から見ている記者たちは、不安をあおっても、福島の復興に何の利益もないことをよく知っている。

どうしたら、福島が復興できるのか、どうしたら廃炉作業を円滑に進めることができるのか、どうすればトリチウム水問題を早く解決できるのか。これらの問題と直接向き合わざるを得ない地元の記者たちにとっては、処理水の放出は決して他人事ではない。必死に答えを探さねばならない問題だ。

トリチウムの科学的事実を国民にしっかり知らせることが風評被害の抑制に必要だと分かっているので、科学者の目で冷静に報じている。

例えば、2020年2月13日と14日の記事はトリチウムの人体への影響を、原正憲・富山大学水素同位体科学研究センター教授や田内広・茨城大学理学部長の解説を通して、きわめて分かりやすい記事を載せている。不安をあおる目的がないことがはっきりと分かる内容だ。

「トリチウムの放射線は空気中だと5ミリメートル程度しか届かず、水中だと数マイクロメートル（1マイクロメートルは1ミリの1000分の1）も進まない。外部からトリチウムの放射線があたったとしても、皮膚の垢（あか）みたいなところで止まってしまうのではないか」といった内容の記事だ。

市民団体から不安視されている「有機結合型トリチウム」（体内に取り込まれたトリチウムの

約５％は、タンパク質や糖類など有機化合物の水素と置き換わり、有機結合型トリチウムという。略してＯＢＴ）については、「被ばく量では、セシウム１３７のほうが約３００倍高く、カリウムの仲間で食品にも多く含まれるカリウム40（放射性物質）のほうがＯＢＴより約１５０倍高い」（筆者で要約）などと冷静に解説している。

1章で紹介した東京新聞の記事のように、トリチウムが少しでも体内に入ったら、遺伝子を傷つけて、がんになるかのような恐怖心を引き起こす解説は出てこない。

こういう良質の記事を、中央の朝日新聞や毎日新聞で見ることはあまりない。

国民の多くが福島民友や福島民報のような当事者意識の強い記事を日頃から読んでいれば、処理水への理解はもっと進むだろう。

やはりメディアの報道いかんが、処理水の放出問題の行方を左右するといってよいだろう。

■「風評被害」は内なる幻想か

今度の処理水をめぐるリスクコミュニケーションでもっともやっかいなのは、健康へのリスクがほとんど存在しないのに、リスクがあるかのような設定で議論が進んでいることだ。本来、リスクが存在しなければ、リスクコミュニケーションは成立しないはずだ。

心理学の本を読むとたいてい出てくる風評被害の方程式がある。オルポート・ポストマンの説で、風評被害の起きやすさ＝ことの重大性×あいまい性、という式だ。しかし、今度の処理水の放出は、すでに世界中の原子力施設が過去にやってきたことをそのまま踏襲するだけであり、放射性物質によるリスクの重大性も、事態のあいまいさも存在しない。

そういう観点で言えば、今度の処理水の放出は、人体や環境へのリスクは想定されないものの、風評被害が生じるのではないかという人々の不安心理をどう抑えるかという前代未聞のリスクコミュニケーションが待ち構えていることになる。

では、どうして風評被害が現実に起きるかのようなニュースが流れるのだろうか。

それは、漁業者やメディアをはじめ、みなが心の中に勝手に「風評被害」が起きるのではという不安予想を抱いているからだ。

２０２０年10月、いったんは政府が放出を決断したと思わせる報道があったときも、どの新聞も、風評への懸念を強調していた。朝日新聞も珍しく「漁業者の間には、科学的に安全だとしても、風評被害は避けられないとの懸念が強い」（２０２０年10月17日付）と報じた。

科学的には安全でも風評被害が起きるのでは、という記事を載せる記者の心理の背景には、実は、記者たちも科学的に安全なのは分かっているという認識があることが読み取れる。

２０２０年10月16日夜、テレビ朝日の報道ステーションもこの問題を取り上げ、海外の原子力施設でも放出している様子が分かる地図を画面に映して伝えた。テレビ朝日としては珍しく科学的な側面を重視した内容だった。こういう冷静な報道が続けば、解決の糸口が見えてくるだろう。

■漁業者はどんな情報戦略をとるべきか

私にとって気になったのは、漁業者が口にする風評被害への懸念だった。漁業者たちは正直に胸の内を述べているのだろうが、それが逆効果ではと思った。世間に向かってどういうメッセージを送れば、風評被害を少なくできるかという情報戦略があってもよいと考えるが、難しいだろうか。

例えば、もし、漁業者たちが異口同音に「処理水の放出は世界のどこの原子力施設でも行われている。しかも日本では世界保健機関（ＷＨＯ）の飲料水基準を下回る濃度で放出されると聞いているので、心配していない。メディアのみなさんはこの事実をもっと報道し、私たち漁業者が困った立場に追い込まれないよう、そして福島産の水産物に風評被害が起きないような的確な報道をぜひお願いします」とのメッセージ（サウンドバイト）を新聞やテレビで繰り返して発言していたら、どうなるのだろうかと想像する。

大半の国民は、テレビで流される短いメッセージ（言葉や映像）で処理水のイメージを形成する。自分の気持ちをただ正直に吐露するだけでは、世の中のイメージを変えることはできない。漁業者がテレビに映る場合は、国民が見て聞いているという前提で、自ら演出を考慮に入れた発言を心掛けることも必要だとつくづく思う。

■築地市場の移転問題から得られる教訓は何か

２０１７年に東京の築地市場が豊洲に移転する問題が発生した事例を思い出してみよう。人が飲むはずもない地下水から基準を超えるベンゼン（発がん性物質）が見つかったとき、小池知事は「科学的には安全でも安心できません」と自ら言い放った。これは、メディアと世間の関係を巧みにつかむ天性の才能をもつ小池知事のメディア戦略の一種だったと私は思う。東京都を率いるリーダーが「安全でしょうが、安心できないですね」といえば、メディアが飛びつくのは目に見えている。案の定、しばらくは蜂の巣をつつくような騒動になった。豊洲市場で働く人への健康リスクはまったく存在しないのに、安心できないという心理的・主観的な不安予想の表明が、本当に現実として風評被害を生み出してしまったのである。

影響力のある人物の発言は、メディアを通じて不安が不安を呼び、不安という予言が自己成就することが往々にしてある。それが築地移転問題騒動の本質だった。

では、処理水問題で行政も含め原子力関係者は何を伝えるべきなのか。海外の原子力発電所は日本と同様にトリチウムを含む処理水を海へ放出していることに尽きる。はたしてその周辺で漁業を営む漁業者はどうしているのだろうか。困っているのだろうか。また風評被害が生じているのだろうか。魚介類が売れなくて、困っているのだろうか。そういう事実を知らせることも大事だ。

おそらく漁業者たちは科学的には安全だと考えているはずだ。とすれば、自らの口から「風評被害が心配だ」と発する言い方は、自分たちはわかっているが、国民は説明しても分かってくれないのではというニュアンスがにじみ出ているように思える。自分たちが理解できるなら、他の国民も理解できるはずだ。漁業者の「風評被害が心配だ」という悲嘆にくれた声は、メディアにとっては、おいしいネタ・映像材料なのだということを知って行動することが必要なのではないかとテレビを見ていて常に感じる。

今は、情報を制する者が世の中を制する時代だ。原子力・電力関係者は常にこのことを忘れずにメディア戦略を練っておくことが必要だろう。

トリチウム風評被害と所沢のダイオキシン騒動の類似点

■所沢産ホウレンソウ騒動から学ぶことは何か

風評被害の未然発生を考えるうえで、サウンドバイトとともに、もうひとつ大切なことがある。それは、過去に起きた風評被害の事例から教訓を学び取ることだ。その意味で、関谷直也氏（東京大学）の論文「『風評被害』の社会心理」（2003年）はとても参考になる。

1999年に埼玉県で所沢ダイオキシン騒動があった。きっかけは「所沢のホウレンソウがダイオキシンで汚染されている」とのテレビ報道だった。当時のテレビ朝日の視聴率は14％だった。数百万人が見ただろう。しかし、予期に反して、翌日の市場に変化はなかった。

意外にも風評被害に向けて大きなインパクトを与えたのは、大手スーパーが所沢産ホウレンソウの仕入れをストップしたときだった。流通事業者による取引停止は市場価格を暴落させた。そして、「ダイオキシンで汚染された所沢産ホウレンソウ」問題は連日、どのメディアでも報道され、ついには当時、テレビを見ていなかった人たちにも不安を拡大させていった。

ホウレンソウがダイオキシンで汚染されている事実はなかったにもかかわらず、風評被害が現実に起きてしまったのである。

風評被害は、流通事業者が「消費者が不安になって買い控えをするのではないか。それなら顧客の気持ちを考えて、取引をしばらくやめたほうがよいのではないか」と心の中で過度の不安を想像することから始まった。そして、いったん市場取引が停止されるや、メディア報道を通じて、その不安が現実と化してしまうという恐ろしい展開を見せたのである。

所沢ダイオキシン騒動ではテレビの責任も大きいが、ニュースの報道がその1回だけで終わっていれば、おそらく風評の連鎖は生じなかった。大手スーパーが取引を停止して初めて、メディアの報道に火がついたという事実を見逃してはいけない。

■流通事業者への理解促進が必要

関谷氏は同論文で「風評被害の対策を考えるうえでもっとも効果的なのは、流通関係事業者の過剰反応を抑えるための教育・啓もう活動だ」と強調している。

漁業者が心配だと悲痛な声を出すことは、メディアにネタを提供し、風評を促す結果につながる。そして、その漁業者の不安の声を受けて、流通事業者が「おそらく消費者も不安になるだろうから、しばらくは福島産の魚介類の取引を見合わせたほうがよさそうだ」と判断して、それを行動に移した時点で発火が始まる。そのあと報道機関がわあっと群がり、あっという間に風評被害が現実化する。この不安連鎖の発火点をつくりだすのは流通関係者だ。

なぜかといえば、流通業者が福島産魚介類を店頭に置いてくれさえすれば、私をはじめ、買う人は必ずいる。福島産のコメも同じだ。店頭で扱わないというアクションがメディアの格好の餌食となり、風評を「風評被害」に転化させるということを念頭に、政府や原子力関係者は今後の情報戦略を練る必要があるだろう。

■日本特有の「同調圧力」も関係か

この風評被害は、コロナ禍と国民性とも関係する。コロナ禍で最も特徴的な現象は「同調圧力」という言葉に象徴される日本人特有の心理と行動だ。他人の気持ちを推し量り、「忖度」しながら、自らの行動を律する行動がコロナ感染では全国に広がった。

私は「密集、密接、密閉」の3つの密を避け、マスクをして、手洗いを心がければ、普通に移動したり、知人に会ったりすることは可能なはずと考えたが、2020年、夏のお盆に岐阜県にいる独り暮らしの母（89歳）に会いに行けなった。母が気にしたのは「東京から来ていることが分かると近所から非難されるから」という世間への忖度だった。

みながお互いに相手の顔色をうかがう中で自粛行動が積み重なり、本当に移動できなくなってしまう現象は、処理水の風評発生と似ているのではないか。

ただし、同調圧力は、良い方向にも、悪い方向にも動く。もし、処理水の放出で「痛みを分け合う」善意の行動が同調圧力的に全国に広がっていけば、それはそれでよいことなのかもしれない。

核燃料サイクルの理解にもサウンドバイトが重要

図 5-1　ウラン燃料の燃焼による変化と再処理

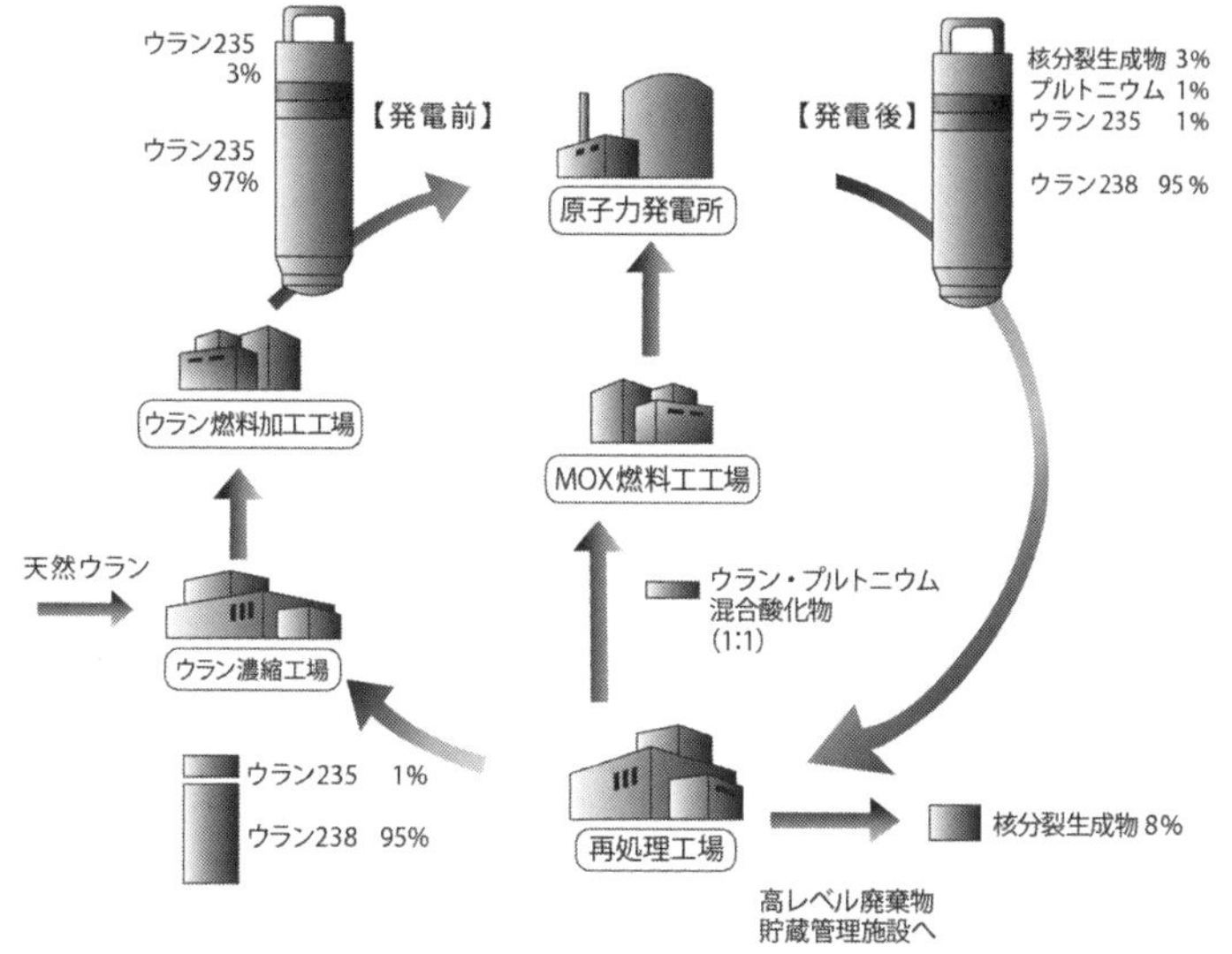

出典：鈴木篤之『原子力の燃料サイクル』より

■核燃料サイクルの意義を20秒で言えるか

処理水に触れた関係で、最後に核燃料サイクルにも触れておきたい。この問題も、国民の気持ちを20秒でつかむフレーズをどう生み出すかが重要だと考えるからだ。

２０２０年７月29日、青森県六ヶ所村にある日本原燃株式会社の「使用済み核燃料再処理工場」（写真５－２）の安全対策が新規制基準に適合していることが原子力規制委員会によって認められた。核燃料サイクルの意義をどのように伝えれば、国民の腑に落ちるのだろうか（図５－１）。

伝えるべき大事な情報は４つある。

写真５―２　使用済み核燃料再処理工場の全景

出典：日本原燃ＨＰより

ひとつは、原子力発電所で使い終えた使用済み燃料から、再利用可能なプルトニウムやウランを取り出して、「ＭＯＸ燃料」（プルトニウムとウランの混合物の呼び名）に加工して、もう一度、原子力発電所の燃料として「再利用」するという点だ。「使用済み核燃料の再利用」と言えば、理解されやすい。

二つ目は、使用済み核燃料をそのまま直接処分するよりも容積が３分の１～４分の１になり、最終的に地下深くに埋められると予想される高レベル放射性廃棄物の量を減らすことができるという点だ。

三つ目は、使用済み核燃料をそのまま処分すると、その放射能レベルが天然ウランと同程度になるまでに約10万年かかるのに対し、再処理を経れば、その期間が約８０００年に縮まる（資源エネルギー庁のホームページ参照）という点だ。

よく「使用済み燃料を10万年もの間、地下に閉じ込めておくことは不可能だ」と聞く。確かに気の遠くなるような10万年に比べ、８０００年なら実感できる。

四つ目はもっとも重要な経済性だ。今後、再処理工場の稼働には14兆円もの費用がかかるといわれるが、その費用を上回る経済効果があれば、再処理工場の稼働に向けた説得材料になる。この費用対効果に関する論文や試算を見つけだすのが難しかったが、国内にある使用済み核燃料の1万7000トンの再処理で約1兆5000億キロワット時の電力が得られ、その額は10・5兆円（1キロワット時7円と仮定）」との試算を知った（大和愛司・日本原燃技術最高顧問が著した『なぜ再処理するのか?』参照）。

この数字を基に今後40年間の稼働で得られる3万2000トンの再処理に換算して計算すると、再処理で得られる電力量は金額にして約20兆円となる。仮にこの20兆円という数字が妥当だとすると、再処理工場を軌道に乗せれば、「14兆円の費用をかけても、20兆円分の経済効果が得られる」と10秒で言えるフレーズが出来上がる。

つまり、核燃料サイクルは、使用済み燃料の再利用であり、使用済み燃料の容積が小さくなって、保管期間が約8000年に縮まり、20兆円の経済効果があるというサウンドバイトが出来上がる。

私の言い方がどこまで的確かはともかく、こういう20秒メッセージを常に考えた広報戦略が今後、処理水や核ごみも含めた原子力問題で必要だと強調したい。

【参考文献】
『やってはいけない原発ゼロ』（澤田哲生著）エネルギーフォーラム
『メディアが動かすアメリカ』（渡辺将人著）ちくま新書
『なぜ再処理するのか?』（大和愛司著）エネルギーフォーラム
『これからの「正義」の話をしよう』（マイケル・サンデル著）早川書房
論文『「風評被害」の社会心理―「風評被害」の実態とそのメカニズム―』（関谷直也著）
初出「ひろば」503号（東北エネルギー懇談会発行）の記事を一部加筆してサウンドバイト術の部分を掲載
初出「原子力産業新聞2020年12月1日号」（小島正美のコラム）を手直しして、寿都町の話を掲載

あとがき

9人の執筆者の原稿を読み、みなさんはどのような印象を持たれただろうか。それぞれがそれぞれの考えで書いた内容で、しかも事前に原稿をすり合わせることはまったくしなかったにもかかわらず、多くの共通点があることに気づかれたのではないだろうか。

論点は大きく分けて「処理水の放出に関する提案」「風評をどう抑えるか」「報道のあり方と科学コミュニケーション」「政治的決断の必要」の4つに分けられる。

処理水の放出に関しては、多くの筆者が期せずして松井大阪市長の言説に触れたことが印象深い。山崎毅さんは「処理水を大阪湾で受け入れる松井大阪市長のアイデアに共感する」と書いた。その理由は、「全国で福島の痛みを分かち合うことが福島への復興支援につながるからだ」という。このような共感は、井内千穂さんの原稿にもみられる。井内さんは福島の地元新聞社の記者と中学生との対話を紹介し、地元記者による「福島の原発で発生した水だから、福島の海に流すのが当然という感覚でよいのか？　少なくともそういう議論をしなくてはいけないのではないか？」との問いかけを紹介した。

この地元記者の感覚は共感と説得力に富む。言われてみれば、そのとおりだからだ。福島県にある原子力発電所で生み出された電気の恩恵を受けてきたのは、東京電力管内に住む生活者全員である。東京、千葉、神奈川の人たちがそれまでの恩恵に報いるためにも、自分たちの住む東京湾や相模湾、千葉の海にも流してよいはずだ。

井内千穂さんはこう提案する。

「象徴的な少量（例えばペットボトル1本）でもいいから、全国各地でALPS処理水の海洋放出を分かち合うセレモニーのような形も考えられるのではないか」

鍛治信太郎さんも「東京湾に流すことを公約にする都知事候補がいたら、都民の一人として1票を投じようと思う」と書いている。

どちらにも同感である。福島を訪れる人たちに向けて、お土産として処理水の入ったペットボトルを持ち帰ってもらう運動をやってはどうだろうか。

どの筆者も「福島だけが特別でよいのか」と訴えているのだ。まして「日本国内の原子力発電所も含め、世界の国々でトリチウムを含む水が海や大気へ放出されている」という事実があれば、福島だけが特別ということはあり得ない。助け合いはできるはずだ。今後、「福島だけに負担を負わせてよいのか」ということを繰り返し訴えていくことがキーポイントとなるような気がする。

■風評と漁業者とメディア

さらに、海洋放出をみなで分かち合うことは、実は風評の抑制にもつながる。

山田哲朗さんは「根拠がないのに被害が出るから風評と言うのであって、みんなが根拠がないことを知っているのである」と書いている。言い換えれば、科学的に見れば、海洋放出が危ないという根拠がないことを大半の科学者や記者、政府関係者は知っているのに、なぜ風評被害が生じるのかという問いかけである。

唐木英明さんは「風評被害とは根拠がないうわさが引き起こす被害ではなく、安全に対する意見の不一致が起こす被害」と独自の見方を述べている。確かにそういう一面がある。「危機を煽る科学者と、センセーショナルに伝えたいメディアとの組み合わせが、社会に決定的な混乱をもたらす」（小出重幸さんの記事から引用）という言い方も、これと同様の見方であろう。意見の対立のないところに風評は生じようがない。誰かが危ないと言い、それをメディアが増幅するから、風評が生じると私も思う。

では、風評被害の発生に不安や懸念をもつ福島の漁業者はどう対応すればよいのだろうか。これについて、唐木さんは「漁業者自身が安全性に不安を持っていては、問題は解決しない」という。山崎さんも「漁業関係者が風評被害を懸念するだけでは、むしろ状況は悪化すると考えるべきだ」と言う。

私もテレビで漁業者の「不安だ」という声を聞くたびに同様の思いを抱く。不安は伝染する。実際に被害を受けている漁業者に向かって酷な提案かもしれないが、国民の不安を少しでも抑えるような戦術的なコメントを考えることはできないものだろうかと思う。

とはいえ、一人ひとりの何げない意識が風評に加担することも忘れてはいけない。風評被害は決して他人事ではない。私たちの心にある本能のようなものでもある。井内さんは「私自身もこれまで様々な風評被害に加担してきた。O157食中毒事件の後はカイワレ大根を買わず、BSE騒動の折は輸入再開後も米国産牛肉を避けた。理由は単純だ。当時幼かった息子たちのためにも、不安な食品は避けたかった」と書いている。やはり従来通りの地道な科学コミュニケーションも必要なことが分かる。

そこで重要になるのが、リテラシー教育である。秋津裕さんは「リテラシーとは、社会的な課題に向かって、行動へと結びつけていく能力、つまり、教育によって培われる公共的教養だ」と言う。教育は、時の国の権力によっては、どの方向にも向かい得る危うい要素をもっているが、「公共的教養」という言葉には大きな魅力を感じる。風評被害を抑えるにせよ、リスクを冷静に伝えるにせよ、この公共的教養がもっとも求められているのは、メディアの記者たちなのではないかと思う。

この公共的教養を育成するうえでは政府の側にも努力がいるだろう。この点に関して、英国の科学コミュニケーションの事例を紹介した小出さんの記事はとても参考になる。英国政府には、首席科学顧問を支える「緊急時科学者助言グループ（SAGE）」があり、これまでタイミングよく科学的な見解を出してきたという。さらに英国政府には18省庁それぞれに「首席科学顧問」がいて、科学者と記者の密接な情報交換を行っているという。ぜひとも日本にも同様の科学顧問がほしいところだ。日本の首相周辺も、知名度があり、信頼される科学者を「首席科学顧問」（複数）として設置し活用すれば、国民や記者との対話が増えるだろうし、記者たちのリテラシーも上がるだろう。

東京五輪パラリンピックが終了すれば、いよいよ処理水の放出が現実味を帯びてくる。それに関して、山田さんは「処理水の問題では、タンク容量がいよいよいっぱいになるという物理的な限界に直面するまで、我々の社会は立ちすくむばかりで前に進むことができなかった。処理水の場合は別にそれでも構わなかったもしれないが、日本は将来も、何かもっと複雑で重要な問題に直面した際、同じような態度で臨むことになるのかと少し心配になる」（2章）と日本の将来を憂える。まったく同感である。

これは子宮頸がんを予防するHPV（ヒトパピローマウイルス）ワクチンにも言える。HPVワクチンの接種は、すでに放置の限界を超えて、接種していない若い世代で今後、確実に子宮頸がんが増えることが予想されている。世界から取り残された日本だけで子宮頸がんが増えるという異常事態の発生が待ち受けているのである。
日本だけが例外という構図は、処理水問題と同じである。風評が懸念される程度の問題（トリチウムの海洋放出）で果敢な政治的判断ができないようでは、もっと重要な問題（例えば中国による尖閣列島の占領など）に直面したら、政府が右往左往するのは目に見えている。本当に中国が尖閣列島を占領してしまったら、どうなるだろうか。トリチウムやワクチン程度の問題でさえ、もたもたし、先送りを繰り返してきた今の政府の力では奪い返すことは絶対に不可能だろう。どんな問題にせよ、国内外に力強いメッセージを送る勇気と能力をもった政府であってほしい。

小島　正美

《基本用語の説明》

★ベクレル

トリチウム、セシウム137など放射性物質の放射能の強さを表す単位。1ベクレルは、1秒間に1個の原子核が崩壊して放射線を出す放射能の量。

★シーベルト

放射線で人体が受ける被ばく線量の単位。シーベルトの数値が大きいほど人体が受ける放射線の影響は大きい。日本人が平均して自然に浴びている1年間の放射線量は2・1ミリシーベルトです。宇宙、大地、食品、空気中から放射線を受けています。ちなみに東京〜ニューヨークを往復すると宇宙線を浴びるため、0・1〜0・2ミリシーベルトの余分の被ばくが生じます。

★ベータ線

放射線には、アルファ線、ベータ線、ガンマ線、エックス線などがあります。ベータ線は、トリチウム、炭素14、ストロンチウム90などの放射性物質の崩壊によって発生します。エネルギーは弱く、アルファ線と同様、主な健康影響が生じるのは体内に取り込まれた場合です。

★トリチウム

水素の一種で三重水素とも言います。普通の水素は陽子がひとつだけの原子核ですが、重水素は陽子のほか中性子がひとつあります。トリチウムは中性子が2つあり、不安定のため、安定した物質（ヘリウム）に変化しようとするときに放射線（ベータ線）を出します。半減期は約12年。トリチウムは宇宙線が大気に衝突することでも発生し、川や海、雨水、人の体にも含まれています。世界保健機関（ＷＨＯ）の飲料水ガイドラインでは、トリチウムの基準値は1リットルあたり1万ベクレルです。

★三重水素

トリチウムの項目を参照してください。

★重水素

陽子1個と中性子1個の原子核をもっている水素の一種です。トリチウムと異なり、放射性を持たない安定した原子核。天然の水素のうち、約０・００１５％は重水素です。

★凍土壁（陸側遮水壁）

地下水が原子炉建屋に流れ込むのを防ぐため、原子炉建屋の周囲の土を、地下水が流れる透水層より深く地下30メートルまで凍らせて作られた壁。凍土遮水壁ともいう。廃炉に伴う「汚染水問題に関する基本方針」は、「汚染源を取り除く」「汚染源に水を近づけない」「汚染水を漏らさない」の3つです。このうち「汚染源に水を近づけない」対策の一つが、凍土方式の陸側遮水壁です。最初の凍結開始から2年後の２０１８年、国の委員会で汚染水発生量の抑制が報告されています。

★ALPS（多核種除去施設、アルプス）

燃料デブリを冷やしたあとの水は放射性物質が含まれるため、汚染水と呼ばれています。この汚染水に含まれる62種類（ストロンチウム89など）の放射性物質を吸着剤などで取り除くことができるように設計されたのが「多核種除去設備」（ＡＬＰＳ）です。

★ＡＬＰＳ処理水

トリチウムなどの放射性物質を含む汚染水を多核種除去施設（ＡＬＰＳ）で処理したあとの水は、「タンクの処理水」としてタンクに貯蔵されていますが、タンクに貯蔵されている水の約7割には、トリチウム以外にも規制基準以上の放射性物質が残っています。この7割に相当する処理水をそのまま海へ放出するわけではないため、経済産業省は２０２1年4月13日、誤解が生じないよう、トリチウム以外の核種について、放出規制基準を満たした水だけを「ＡＬＰS処理水」と呼ぶことと決めました。言い換えると放出規制基準以上の放射性物質が残っているタンクの処理水は、「処理途上水」（東京電力の呼称）もしくは「不完全処理水」という言い方がふさわしくなります。

★告示濃度限度（排水中の濃度限度）

原子力施設から放射性物質を環境に放出する場合、国が種類（核種）ごとに定めた放射能濃度の上限のことです。新聞の記事では環境放出基準とか環境規制基準とも言っています。この放出基準は、それと同じ濃度の水を毎日2リットル飲み続けた場合、平均の被ばく線量が1年間で1ミリシーベルト（一般には安全の目安と認識されていますが、これを超えたからといって健康に影響があるわけではありません）に達するように決められています。

★地下水ドレン

ドレン（英語でdrain）は排水設備のことです。汚染水が海など環境へ漏れ出すのを防ぐために、海側にある遮水壁でせき止めた地下水をくみ上げる設備。

★サブドレン

原子炉建屋の近くにある井戸（サブドレン）から、建屋周辺の地下水をくみ上げる設備。地下水や雨水が原子炉建屋の汚染源に流れ込まないよう、つまり、新たな汚染水にならないようにするための設備。地下水ドレンとサブドレンで発生したトリチウムを含む水は漁業者の同意を得て、２０１５年から海へ放出されています。

★有機結合型トリチウム（ＯＢＴ＝Organically Bound Tritium）

体内に取り込まれたトリチウムのうち、約5～6％は、体内のタンパク質や炭水化物など有機化合物を構成する水素原子と置き換わり、有機結合型トリチウムとなる。これを危険視する声もあるが、内部被ばくの大きさは放射性セシウム137と比べ、300分の1程度です(2020年2月の「国の多核種除去設備等処理水の取扱いに関する小委員会の報告」)。

★トリチウムとがんに関する疫学研究

世界の原子力施設からトリチウムを含む水は海や大気へ放出されています。そのトリチウム放出で原子力施設の周辺住民にがんが多いといった報告もありますが、トリチウムの内部被ばくの評価ができていない研究が多く、またトリチウム以外の被ばくが含まれる例がほとんどのため、現状ではトリチウムの被ばくとがんなどの影響に関する因果関係に基づくリスク推定ができている研究はほぼありません。つまり、トリチウムは他の放射線に比べて健康影響が大きいという事実は認められていません(2018年11月、国に報告された田内広・茨城大学教授の資料から)

【執筆者一覧】（担当章順）

★小島正美（こじま・まさみ）食・健康ジャーナリスト
　1951 年愛知県犬山市生まれ。愛知県立大学（英米研究学科）卒業後、毎日新聞社入社。松本支局などを経て、東京本社生活報道部で編集委員として食や健康・医療問題を担当。2018 年に退社。2015 年～ 2021 年 4 月「食生活ジャーナリストの会」代表。東京理科大学非常勤講師。主な著書として「誤解だらけの遺伝子組み換え作物」（エネルギーフォーラム）「メディア・バイアスの正体を明かす」（エネルギーフォーラム）など多数。

★山田哲朗（やまだ・てつろう）読売新聞論説委員
1990 年東京大学卒業。2006 年、マサチューセッツ工科大学（MIT）ナイト科学ジャーナリズム・フェロー。経済部、科学部、ワシントン支局特派員などを経て 2018 年、科学部長。2019 年から現職。

★鍛治信太郎（かじ・のぶたろう）科学ジャーナリスト
東京都生まれ。朝日新聞の科学医療部員やつくば支局員として、JCO 事故、ノーベル賞などを取材。宇宙論、HIV やゲノム編集などの薬学、生命科学にも興味がある。工学修士。現在は朝日新聞社「お客様オフィス幹事」。

★井内千穂（いうち・ちほ）フリージャーナリスト
1964 年大阪府生まれ。京都大学法学部卒業。旧・中小企業金融公庫（現・日本政策金融公庫）、英字新聞ジャパンタイムズ勤務。2016 年よりフリーランス。主に文化と科学技術に関する記事を英語と日本語で執筆。The Japan Times、日本原子力学会誌「アトモス」、原子力産業新聞などに寄稿。2016 年～ 2019 年、「法政大学英字新聞制作企画」講師。3 児の母。

★秋津裕（あきつ・ゆたか）エネルギーリテラシー研究所代表
東京都出身。日本女子大学家政学部卒業。住友商事などを経て、東京都私立幼稚園主任教諭。2013 年京都大学大学院エネルギー科学研究科修士課程へ進学、同博士後期課程修了。博士（エネルギー科学）。2017 年 第 7 回日本エネルギー環境教育学会 研究論文賞。2018 年 第 14 回日本原子力学会 社会・環境部会賞 優秀発表賞。専門はリテラシー構造分析、放射線教育、エネルギー環境教育・教材開発。

★山﨑 毅（やまさき・たけし）食の安全と安心を科学する会理事長
1960 年広島市生まれ。東京大学農学部卒業。獣医学博士・リスク学者。製薬会社勤務を経て、2011 年 NPO 法人食の安全と安心を科学する会 (SFSS) を創立、理事長に就任。現在に至る。情報の真偽検証を推進する NPO 法人ファクトチェック・イニシアティブ（FIJ）理事。

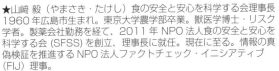

★唐木英明（からき・ひであき）東京大学名誉教授。
1964年東京大学農学部獣医学科卒業。同大助手、助教授、テキサス大学ダラス医学研究所研究員を経て、1987年に東京大学教授、同大アイソトープ総合センター長、2003年に名誉教授。倉敷芸術科学大学学長、日本学術会議副会長などを経て現職は公益財団法人食の安全・安心財団理事長。獣医師。専門は薬理学、毒性学、食品安全、リスクマネージメント。

★小出重幸（こいで・しげゆき）科学ジャーナリスト
1951年東京生まれ。北海道大学理学部卒業。読売新聞社で科学部長、編集委員を歴任。地球環境、医学、原子力などを担当。インペリアル・カレッジ・ロンドン客員研究員。日本科学技術ジャーナリスト会議会長（2013～2017年）を経て、現在、同会議理事。主な著書に「夢は必ずかなう　物語　素顔のビル・ゲイツ」（中央公論新社）、「ドキュメント・もんじゅ事故」（共著　ミオシン出版）、「環境ホルモン　何がどこまでわかったか」（共著　講談社）など。

★多田順一郎（ただ・じゅんいちろう）放射線安全フォーラム理事
1980年筑波大学大学院修了。日本赤十字社医療センター、筑波大学粒子線医科学センター、財団法人高輝度光科学研究センターなどが運営している「SPring-8」（放射光を使って原子や分子レベルの形や機能を調べる研究施設）や理化学研究所（横浜）などで放射線管理に従事。現在は特定非営利活動法人・放射線安全フォーラム理事（福島支援チーム）。

みんなで考えるトリチウム水問題
風評と誤解への解決策

二〇二一年七月十五日　初版第一刷発行
二〇二一年九月一〇日　第二刷

編著者　小　島　正　美
発行者　志　賀　正　利
発行所　㈱エネルギーフォーラム
〒104－0061　東京都中央区銀座五－十三－三
電話　〇三－五五六五－三五〇〇

印刷・製本　中央精版印刷株式会社

　ISBN978-4-88555-518-3